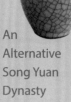

An
Alternative
Song Yuan
Dynasty

张金贞 丁 杰——著

另类宋元

用 食 物 解 析 历 史

A Culinary Approach
to Understanding the History

浙江大学出版社
ZHEJIANG UNIVERSITY PRESS

目录

宦海浮沉篇

（张金贞）

踏碎河山篇

（张金贞）

兵戈扰攘篇

（丁杰）

流风遗韵篇

（张金贞）

宦海浮沉篇

（张金贞）

第一章

苏轼的『食色』人生

一、"问汝平生功业，黄州惠州儋州"

（一）宋朝的"文字狱"："乌台诗案"

元丰二年（公元1079年）七月，王诜[①]和苏辙的信使正在与御史台的皇甫遵等人进行着一场如火如荼的"马拉松赛"，其火热程度绝不亚于这一季炽烈的骄阳。皇甫遵等人受神宗之命，日夜兼程，快马星速南下，向这场"赛事"的终点湖州衙门进发。谁知，当这队人马进入润州（治所在今江苏镇江）境内时，皇甫遵之子突然患病，求医问药误了行程，这才让对手抢先一步到达湖州。

当月二十八日，皇甫遵气势汹汹地出现在湖州衙门，他身着官服，手持笏板，虎视眈眈。而两旁的士兵分立左右，同样凶相毕露。此时的苏轼，虽然已提前获知自己即将被逮捕的消息，但如此阵仗依然让他心惊肉跳。

现场气氛凝重。皇甫遵徐徐地取出诏命，令人惴惴不安的结果终于揭晓：苏轼革职，并即刻押解进京。官兵们随即上前将苏轼五花大绑了起来，有目击者称："顷刻之间，拉一太守，如驱犬鸡。"[②]

此刻，苏轼全家老小呼天抢地，百姓成群含泪相送，而同僚们大多畏避不出，不少与苏轼有过交往的朋友也尽量与其撇清关系。这一年，长子苏迈[③]已过弱冠之年，颇能独当一面，获准随行照料父亲。

面对这突如其来的变故，苏轼的继妻王闰之胆颤心惊，在摆脱另一批奉命搜查苏家的吏卒后，将残存的苏轼手稿付之一炬。

---

① 北宋开国元勋王全斌的后人，工于绘画，亦好吟诗，英宗之女、神宗妹妹蜀国长公主的驸马。

② [宋]孔平仲：《孔氏谈苑》卷一。

③ 苏轼与发妻王弗之子。

八月十八日苏轼抵京，登时被打入逼仄幽暗的御史台牢房。御史台大门朝北而开，又有数千只乌鸦栖于四围遍植的柏树之上，萦绕着一股肃杀之气，让人不寒而栗，因此人们又称御史台为"乌台"。其间，御史李定之流挖空心思在已刊印的苏轼作品中寻找"罪证"，企图从中找出一些讥刺新政的文字。此外，他们还不断收集散落在各方人士手中尚未刊印的苏轼的诗文，即当时人所谓的"诗帐"。但这还远远不够，那些与苏轼有书信往来的人员甚至被一一传唤问话。

更为不堪的是，苏轼在御史台的大牢里还不停地遭到逼供、诟辱，甚至殴打。为将苏轼置于死地，各位御史们无所不用其极。关于苏轼的这次牢狱之灾，《宋史》如是说："欲置之死，锻炼久之，不决。"① 从八月二十日到十月中旬，将近两个月夜以继日的审讯，一代文豪可谓命如悬丝。隔壁牢房也关押着一名苏姓官员，即伟大的科学家苏颂。他对苏轼悲悯不已之余，还将其遭遇记录在诗中："却怜比户吴兴守，诟辱通宵不忍闻。"② 案件审到后面，连李定本人都感慨万千，他对同僚们说："苏轼真是个奇才！连30年前所作的诗文，审问时随问随答，引经据典，竟无一处差错！"③

苏轼被关押期间还经历了一场"死亡"的洗礼，事情的原委大致如下：

长子苏迈负责父亲的日常饮食，两人曾私下约定：平时只送蔬菜与肉，一旦有凶讯，则改送鱼。一天，用资耗尽的苏迈出城借贷，因而托人送饭，但却忘记向那人传达这一密约。真是无巧不成书，那位朋友恰好给苏轼送去一份熏鱼。不明实情的苏轼见到熏鱼后大惊失色，随后洒泪挥毫留下一份遗书，暗地里委托好心的狱卒梁成代为转交弟弟苏辙。

当年，苏轼已经名闻天下，他的被捕自然成为一大社会新闻，江南地区尤其为之震动。苏轼在杭州、湖州等地为官时赤心为民，故深得人心。这些地方的百姓为感念其恩德，自发为其作"解厄道场"。苏轼听后感激涕零，在"绝笔"中嘱托家

---

① [元]脱脱：《宋史》卷三百三十八《列传》第九十七。

② [宋]苏颂：《元丰己未三院东阁作》，《苏魏公集》卷十。

③ [宋]胡仔：《苕溪渔隐丛话（前集）》卷四十二。

人将自己葬于湖杭一带。同时，也有不少有着官方背景的正义人士，包括苏辙、王诜、张方平、司马光、王安礼等都在设法营救苏轼，甚至连新法的代表人王安石都反对"诗案"。更为关键的是，仁宗的曹皇后（此时为太皇太后）因苏轼的入狱而郁郁寡欢，乃至病笃。彼时，神宗准备大赦天下为其请寿，而曹氏却果决地说道："只放了苏轼一人足矣！"

在囚禁整整130天后，苏轼终于出狱。虽然在此之前，朝中一批奸邪之人也曾极力设法阻挠，却未能得逞。此后，苏轼与一个渺远而荒凉的地方结下了近五年的缘分，那便是黄州（今湖北黄冈一带）。

（二）黄州：从"真在井底"到"桃花流水在人世"

元丰三年（公元1080年）二月初一，萧条的江边小城正是春寒料峭、寒气未尽的光景。在这一天，几经颠沛流离的苏轼父子踏上黄州这块陌生的土地。当时，苏轼的官衔是"检校尚书水部员外郎、充黄州团练副使"。由于是谪官这一身份，没有权力栖身于官舍，苏轼与儿子苏迈只得借宿在当地的定惠寺。

初来此地，苏轼白天闭门不出，直到晚上才漫无目的地出门闲逛：滔滔江水、冉冉溪流、清冷残月、茂林修竹、单飞孤鸿……这一时期，"畏人默坐成痴钝"[①]的他，将自己的全部热情寄托在一幅幅自然画卷之中。刚刚过去的这场牢狱之灾让苏轼不断反躬自省，他自觉"口业"太盛。在大师的指点下，他开始寻求高层次的精神救赎，每隔一两日就前往安国寺"焚香默坐，深自省察"。[②]

倏忽已是五月，苏辙专程护送嫂侄等人从南都来至黄州。在好友的相助下，苏家20余口人住进濒临长江的水上驿站——临皋亭。从史料来看，彼时的苏轼已经无法领到朝廷的俸禄。这位素来衣食无忧的诗人，不得不与夫人一起精打细算地

---

① ［宋］苏轼：《侄安节远来夜坐三首》，《苏文忠公全集》之《东坡集》卷十二。

② ［宋］苏轼：《黄州安国寺记一首》，《苏文忠公全集》之《东坡集》卷三十三。

操持生计。根据当地的生活成本，他们规定全家每日的用度不得超过一百五十钱。每月初一，取出四千五百钱，平均分为30份悬挂于屋梁上，每天用叉子取下一份，取完后就将叉子藏好。每天一有结余，便将钱贮于大竹筒内，用来款待宾客。如此"痛自节俭"，手头的积蓄勉强可维持一年左右。而一年以后该怎么办呢？这位天生的乐观主义者认为：彼时自然水到渠成，"不须预虑"，因此"胸中都无一事"。[①]

时光忽忽将近一年，苏家的积蓄即将告罄。在好友马正卿的四处奔走之下，官府批给苏家一块位于郡城东门外的废弃营地。从元丰四年（公元1081年）二月开始，苏轼带领全家向这片荆棘丛生、瓦砾遍地的贫瘠土地"进军"了。苏轼站在坡垅上，志得意满地开始对这片方圆50余亩的土地进行周密的规划：稻子、枣树、栗树、桑果树、竹子……都在他的筹划范围之内，当然，如果尚有余力，再盖上几间茅草屋，甚妙。

当结束艰辛而漫长的拓荒工作之后，已经错过种稻的时节，幸亏还能种植麦子。麦子播种后不到一个月，地里就长出一片郁郁葱葱的麦苗，着实令人欢欣。然而，富有耕作经验的老农告诉他，麦苗过于旺盛并非丰收在望的预兆，若要提高产量，需将牲畜赶到麦地里反复践踏数次。

在老农的一番指点之下，果然丰收20余石大麦。宋时的1石，约为今天的75960克，[②]20余石即不少于1519千克。此时，家中粳米已尽，苏轼就让奴婢们捣麦做饭。麦饭嚼之啧啧有声，孩子们相互调侃说是"嚼虱子"。然而，麦饭并不耐饥，每到中午他们便饥肠辘辘。一锅普通的麦饭在这位美食家的精心打造之下，也能成一道富有西北乡村气息的美食，"用浆水淘食之，自然甘酸浮滑"。后来，苏轼又命厨子在大麦中杂以小豆做饭，食之独具风味，这种别开生面的饭食被苏夫人戏称为"新样二红饭"。[③]

①　[宋]苏轼：《书九首·答秦太虚书一首》，《苏文忠公全集》之《东坡集》卷三十。
②　罗竹风主编：《汉语大词典缩印本（下卷）》，汉语大词典出版社，1997年4月，第7776页。
③　[宋]苏轼：《仇池笔记》卷下。

正如苏轼原先计划的那样，桑树、枣树、栗树、松树、橘树，以及各色时蔬等相继出现在这块宝地上。一日，苏轼心血来潮，还寄诗一首向大冶长老求取茶种。

如此，苏家在这个幽绝的小城中过起了日出而作、日落而息的农家日子，俨然如世外桃源的隐居生活。这种生活状态让苏轼思飞千里，自比陶潜，他在词中说："梦中了了醉中醒，只渊明，是前生。"①

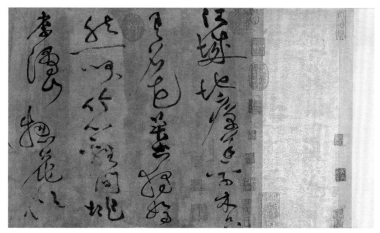

苏轼《海棠诗》
北宋黄庭坚临摹
台北故宫博物院藏

《寒食帖》
苏轼书
台北故宫博物院藏

---

① [宋]苏轼：《江城子》，邹同庆、王宗堂：《苏轼词编年校注（上册）》，中华书局，2007年10月第2版，第352—353页。

昔年，白居易任忠州（今属重庆）刺史，曾在东坡垦地种花，作有《步东坡》等诗。而苏轼新辟的这块土地刚好也在黄州的东门之外，于是他援引白居易的典故，将这块土地命名为"东坡"，自号"东坡居士"。自此，"苏东坡"这一振聋发聩的大名在历史上正式闪亮登场！

次年大雪纷飞的日子里，五间农舍在东坡拔地而起。苏轼在农舍正厅的四壁画上雪景，并将其命名为"雪堂"。在东坡，他时常看孤云暮鸿、步崎岖翠麓、泛窈窕清溪、听暗谷春水、寻琴书真味、友高人奇士……这是何等令人心醉神往的生活呀！

然而，其间的日子并非如表面上那么富有诗意。在天公不作美的年头里，看天吃饭的劳作生活能让东坡先生"穷到骨"[①]。在捉襟见肘的日子里，苏轼却依旧傲骨嶙嶙。他不愿主动求助于人，以"节流"为对策，并作《节饮食说》自勉。他在此篇中规定自己"早晚饮食，不过一爵一肉"。若有贵客来访，则可以稍稍加菜。他"堂而皇之"地将节食归纳出三大好处："一曰安分以养福。二曰宽胃以养气。三曰省费以养财。"[②]尽管艰辛至此，但他并未怨天尤人，反而依旧对生活怀有一颗热忱之心，寻求饮食创新便是黄州生活的重要组成部分。

西蜀道士杨世昌擅长酿制一种口感绝佳的蜜酒，东坡得到该酒的酿造秘方后，作《蜜酒歌》相赠。在诗中，他以"真珠为浆玉为醴"[③]盛誉此酒。这种蜜酒成酒时间较短，在酝酿过程中，从最初的"小沸鱼吐沫"，再到"眩转清光活"，第三日就已"开瓮香满城"，令人未酌已先醉。

脯青苔，炙青蒲，烂蒸鹅鸭乃瓠壶，煮豆作乳脂为酥，高烧油烛斟蜜酒。[④]

入夜以后，在油烛高烧的简陋饭厅里，脯青苔、炙青蒲、蒸瓠壶，以及一份

---

① [宋]苏轼：《蜜酒歌（并序）》，《苏文忠公全集》之《东坡集》卷十三。

② [宋]赵令畤：《侯鲭录》卷四。

③ [宋]苏轼：《蜜酒歌（并序）》，《苏文忠公全集》之《东坡集》卷十三。

④ [宋]苏轼：《又一首答二犹子与王郎见和》，《苏文忠公全集》之《东坡集》卷十三。

烹制考究的豆制品被一一陈上餐桌，再斟上数杯清甜的蜜酒。一大家子围坐餐桌四周，共享这顿清苦而不失情调的烛光晚餐，未尝不是人间一件幸事！

对南方人来说，青苔并不是一种陌生的植物，但苏轼以此为食，令人诧异。不过时至今日，生活在黔东南的侗乡百姓仍保留着食用青苔的习俗。侗族妇女经常用渔网在河中捞取青苔，清洗后入锅。此菜的烹饪相当简便，只需一把青苔、一瓢水、一撮盐而已。待水煮开，放入青苔，再撒少许盐，一道绵软丝滑、清新鲜美的青苔菜即成。据说，青苔无法在受污染的环境下生存，所以不必担心食品安全问题。

青蒲即蒲草，是一种水生植物。蒲草嫩者可食，茎叶能用于编织蒲席等生活用具。

至于此处的"烂蒸鹅鸭"，或许还与唐代的一个典故有关。唐时，以清廉节俭为时人所称道的宰相郑余庆，一日忽然心血来潮，邀请数位同僚去府中小酌，众位受邀者惊讶万分。宰相向来德高望重，朝臣们皆心存敬畏，在破晓后便前往宰相府。各位官员入座后，只有仆从在一旁添茶，而郑相公却迟迟不见踪影。直至日上三竿，他才慢腾腾地出来会客，闲话多时，来客们早已饥肠辘辘，宰相这才吩咐仆从道："烂蒸，去毛，莫拗折项。"[①]诸位客人相互交换眼色，料定是清蒸鹅鸭之类的美馔。不时，侍从们便开始备餐。俄而，碗筷已齐备，碟中的酱醋鲜香扑鼻。终于等到开饭时间了！偷咽馋涎良久的官员们顷刻目瞪口呆。原来，众人身前唯有一碗粟米饭和一枚蒸葫芦而已，来客们顿觉兴味索然。宰相却吃得有滋有味，大家也只有勉为其难地将宰相府"精心"准备的这份套餐吃完。

至于东坡此处所指的"瓠壶"，笔者不知为何物。在古汉语中，"壶"通"瓠"，瓠，即瓠瓜。既然被标榜为"烂蒸鹅鸭"，可能就是这种葫芦科的瓠瓜。

苏东坡善于利用最简单的食材，打造出最极致的美味。据说，全国各地以东

---

① [宋]李昉：《太平广记》卷一百六十五《廉俭》。

坡命名的食物多达60多种，如东坡凉粉、东坡羹、东坡肉、东坡酥、东坡饼、东坡蒸猪头、东坡肘子、东坡春鸠脍、东坡墨鱼、东坡鳊鱼、东坡豆腐、东坡玉糁羹等，不一而足。

东坡羹是一款纯素食，烹制过程中无需鱼、肉等荤腥类食材以及复杂的调味品，因而有着佳味天成之妙。其法为：将白菜、嫩蔓菁、嫩萝卜、嫩荠菜等揉洗数遍备用，这一步可去除食材中的辛味与苦味。值得注意的是，东坡在原材料的选取方面强调一个"嫩"字。之后，用一些生油涂锅沿及瓷碗底部，在菜汤中倒入生米及少许生姜作糁。接着用油碗严严实实地反扣在生米上，切勿使生米与外界接触，否则会"生油气，至熟不除"。务必待"生菜气"出尽后，再在碗上置甑，甑上放米，蒸熟即可。随着羹汤的沸腾，锅沿边的油脂紧跟着翻滚的热浪顺势而下，却又被锅底那口碗所压制，所以无法再度向上。等饭熟羹也烂之后，就可以食用了。若无菜，可用细切后的瓜与茄子替代，这两种食材无需揉洗，随后赤豆与粳米各取一半作糁，剩下的步骤参照煮菜法。①

这道东坡羹清淡素净，尤其适合穷人与修行者食用。当年，应纯道人上庐山之前，特地向东坡先生求取此馔的烹饪秘诀。不过，东坡先生并非素食主义者，他曾亲手烹调猪肉，还留下美食名篇《猪肉颂》，使"东坡肉"成为一道名扬千载的美馔：

净洗铛，少著水，柴头罨烟焰不起。待他自熟莫催他，火候足时他自美。黄州好猪肉，价贱如泥土。贵者不肯吃，贫者不解煮，早晨起来打两碗，饱得自家君莫管。②

有人提出，东坡的时代没有酱油，因此东坡肉只是一道白煮肉，而与今天的东坡肉迥异。其实不然，在东坡的时代，已有酱油这种调料。北宋奇书《物类相感志》

---

① [宋]苏轼：《东坡羹颂（并引）》，《苏文忠公全集》之《东坡续集》卷十。
② [宋]苏轼：《猪肉颂》，《苏文忠公全集》之《东坡续集》卷十。

有"作羹用酱油煮之,妙"这样的记载。古时此书题名的作者是苏东坡,但也有学者认为是北宋高僧赞宁所著,而赞宁生活的时代早苏轼一百多年。所以,"东坡肉是一道白煮猪肉"这一说法未必成立。

东坡垦荒城东时,在荒地中发现了芹菜。鄂东各地都有此菜,故芹菜又名蕲菜。东坡用芹菜与家乡的特色美馔——春鸠脍,烹制出一道别开生面的东坡春鸠脍。此菜的烹饪手法相当简便:取斑鸠胸肌肉,切成丝,与猪油用旺火炒至半熟,再放入切成小段的芹菜翻炒。然后,加盐、下酱油,拌炒即可。

在东坡笔下,即使最寻常的食物,都可以美成一个世界。再如一碗普通的豆粥,经过他的称颂之后,也能成为一道享誉千年的美食:

> 道人亲煮豆粥,大众齐念般若。
> 老夫试挑一口,已觉西家作马。①

地临长江的黄州盛产鲜鱼,苏东坡摸索出一套烹鱼的妙招。数年后回京,即使位高权重,他还是乐此不疲地为朋友们大显身手,亲自展示烹鱼绝技。在东坡的笔下,仅以鱼为主题的作品就有《戏作鮰鱼一绝》《鳊鱼》《鳆鱼行》《杜介送鱼》《鱼蛮子》等,不胜枚举。

正所谓"古来百巧出穷人",东坡先生在这些最朴素的食物中,找到人间最温暖的滋味。身处黄州的东坡,内心坚定而洞达。此处的生活质朴清苦却逸趣横生:雪堂时常高朋盈门,家有妻妾相伴,数子绕膝。如此简单而闲暇的生活,夫复何求!

苏轼在黄州期间,曾因风火之毒太盛而侵及右眼,几欲失明。当时,有人劝他忌食鱼、肉等荤腥之物,此后他便一度徘徊于忌口与开荤的矛盾之间。为此,他还以拟人手法作了一篇诙谐的《口目相语》:

---

① [宋]苏轼:《食豆粥颂》,《苏文忠公全集》之《东坡续集》卷十。

子瞻患赤目，或言不可食脍，子瞻欲听之，而口不可，曰："我与子为口，彼与子为眼，彼何厚？我何薄？以彼患而废我食，不可。"子瞻不能决，口谓眼曰："他日我喑，汝视物，吾不禁也。"

眼睛患病，嘴巴需要在饮食上有所选择。而嘴巴反驳说，如果哪天自己哑了，眼睛依旧想看什么就看什么，主人凭什么厚此薄彼呢？到底该听嘴巴的话还是眼睛的话？东坡先生几度挣扎在欲望与理智之间，迟迟难以决断。

据传，东坡先生患病期间，坚持卧床休养，闭门谢客，而那时的黄州人早已习惯他每日出入东门，四处畅游。乡民们只隐约听说他病得不轻，又许久不见其踪影，因此坊间谣言四起，甚至还出现东坡病逝的传言。当下这一传闻四布，据说传至京城后神宗痛心不已，苏轼的至交范镇则几欲遣子前去黄州吊丧。后来，随着东坡的康复，谣言自然不攻自破，大家转悲为喜。悲喜之间，神宗竟动了复用苏轼之念。元丰七年（公元1084年）正月，皇帝出了这么一份手札，"苏轼黜居思咎，阅岁滋深，人材实难，不忍终弃"[①]，随后将苏轼改授汝州（今河南临汝）团练副使，本州安置。汝州虽然有别于京城，但比起与京城相距千里的黄州，前者显然更有利于仕途。

黄州之于苏轼，从最初的"真在井底"到后来的"桃花流水在人世，武陵岂必皆神仙"，前后的心境判若云泥。将行之际，他作《满庭芳》一词，在词中与黄州的父老乡亲订下"时与晒渔蓑"[②]之约。岂料这次离别后直至苏轼去世的近20年里，他再也没有重新踏上过黄州这片土地！

元丰七年四月，东坡启程离开黄州，不少人将这次离开看成是他否极泰来的转折点。实则不然，关于这点，下文将继续详述。

---

① [宋]李焘：《续资治通鉴长编》卷三百四十二。

② [宋]苏轼：《满庭芳（元丰七年四月一日，余将去黄移汝，留别雪堂邻里二三君子。会李仲览自江东来别，遂书以遗之）》，邹同庆、王宗堂：《苏轼词编年校注（中册）》，第506页。

从元丰七年四月至元丰八年（公元1085年）末这一年半左右的时间，苏轼辗转于今湖北、江西、安徽、江苏、山东、河南等六省，正如苏轼诗中所云："身行万里半天下。"值得一提的是，元丰七年，苏轼与王安石和解，甚至相约卜邻而居。更匪夷所思的是，他在青州（今属山东）与"乌台诗案"的炮制者李定竟"相见极欢"，欣然赴会。①

在这段漂泊的岁月里，苏家发生一次较大的变故。元丰七年七月，苏家途经江宁府（今江苏南京），襁褓中的苏遁不幸夭折。苏遁为苏轼侍妾朝云所生之子，死时才刚满十个月。年底，苏家行至泗州。此时的苏轼，或许丧子之痛稍有平复。十二月二十四日，他与泗州的刘倩叔游历南山。南山，即位于南都的梁山。苏轼游南山之后，作名篇《浣溪沙》志之：

> 细雨斜风作晓寒。淡烟疏柳媚晴滩。入淮清洛渐漫漫。
>
> 雪沫乳花浮午盏，蓼茸蒿笋试春盘。人间有味是清欢。②

在该词中，颠沛流离、生离死别似乎早就被苏轼抛诸脑后。岁月依旧静好，一切安谧闲适。细雨斜风为这一天的清晨徒增几重寒意。未几，风雨止息。苏轼在山顶举目南望，只见一缕暖阳斜射在河滩上。河滩畔的疏柳笼罩着一层淡淡的青烟，柔媚而灵动。远处，清洛浩浩荡荡地流入淮河。这一天，相距立春仅半月有余，山野间早已显露出早春的气息。午后，这对友人在山腰小憩，他们手持泛着细沫的清茶，细嚼这一季的时令菜——初生的蓼菜与芦蒿的嫩茎。词的最后，苏轼道出被后世广为传颂的人生真谛——"人间有味是清欢"。清欢，即清雅恬适之乐，此乃人生最美妙之境界！

短暂而安闲的停留终要结束，苏轼不得不继续踏上漫漫征途。鉴于举家病重，

---

① [宋]苏轼：《与滕达道二十三首》，《苏文忠公全集》之《东坡续集》卷四。

② [宋]苏轼：《浣溪沙（元丰七年十二月二十四日，从泗州刘倩叔游南山）》，邹同庆、王宗堂：《苏轼词编年校注（中册）》，第550页。

他数次向朝廷上表乞居常州。苏家一面北行，一面等待朝廷的批文，虽然已走不少冤枉路，但朝廷最终恩准了这一请求。

元丰八年（公元1085年）三月初五，38岁的神宗积劳成疾，英年早逝。年仅10岁的赵煦继位，是为哲宗，神宗之母高氏以太皇太后的身份垂帘听政。高氏站在反变法派这一队，这意味着以司马光为首的"旧党"将再度被重用。司马光执政后，便迅速起用苏轼。至元祐元年（公元1086年）九月，苏轼就已升为翰林学士，成为参与朝廷决策的关键人物。此时的他头顶官帽，身着官服，足蹬朝靴，身跨良驹，与身披蓑衣、手持竹杖、脚穿芒鞋且徒步而行的黄州农夫这一身份只相距两年时间，可谓宦海浮沉，瞬息万变。不久，朝廷开始大刀阔斧地恢复"新政"之前的局面，"新法"几乎一一被废除，"旧党"所憎恨的"新党"也一一被贬黜，这一政局的变动史称"元祐更化"。

党争，极像一块粘在鞋底下的口香糖，北宋王朝似乎怎么也扯不掉、甩不开它。虽然，"新党"一时式微，而"旧党"内部却由于政见的分歧也发生分裂。于是，对党争厌恶至极的苏轼不断地请求外任。从元祐四年（公元1089年）三月至绍圣元年（公元1094年）闰四月，他先后担任杭州、颍州（今安徽阜阳一带）、扬州、定州（治所在今河北定州）等地的地方官。在任上，他怀着造福斯民的责任感，以纾民困为己任。

元祐八年（公元1093年），苏轼命运的一大转折之年。在这一年的秋天，对他来说至关重要的两位女子相继逝去——与其相濡以沫的继妻王闰之和对他有着再造之恩的太皇太后高氏。

九月，随着高氏的死去，北宋朝廷再次发生遽变。18岁的哲宗此时处于最强烈的青春叛逆期，几乎将所有皇祖母倚重的官员视若芒刺。因此，他表面上号称"绍述"神宗的政策，实则以个人好恶处理政事。这批"元祐大臣"何以让哲宗如此痛恨？哲宗曾抱怨说，自他登基以来，"元祐大臣"只向高氏奏事，"朕只见臀背"。

次年一月，哲宗以打击苏氏兄弟为开端，揭开清洗"元祐党人"的序幕。苏轼再度面临被贬黜的命运，而此次贬谪，对苏轼的政治生涯来说，其打击恐怕是致命的。四月，朝廷下令贬谪苏轼，曾"三改谪命"，最后才将其定为宁远军节度副使、惠州（治所在今广东惠阳东）安置。

（三）惠州：从"此间有甚么歇不得处"到"不辞长作岭南人"

在宋代官员的心目中，南方有一座意义非凡的山岭。当年有"春、循、梅、新，与死为邻；高、窦、雷、化，说着也怕"①这样的俗谚。官员一旦被贬过大庾岭，基本上意味着政治生涯的终结。

绍圣元年（公元1094年）九月，苏轼在侍妾朝云以及三子苏过的相伴之下一路向南。他们翻越著名的大庾岭奔赴惠州，十月初抵达贬所，之后被当地官员安排在临时官邸——合江楼，但只栖身了十几天就被赶往荒僻的嘉祐寺。据说因为对于苏轼当时的身份来说，合江楼的接待规格已经超标。然而，面对简陋不堪的嘉祐寺，苏轼却向世人宣告："此间有甚么歇不得处！"残破的嘉祐寺可歇，那么僻远的惠州当然也歇得！

岭南不如中原繁华，但当地许多特有的物产却令苏轼这个异乡人颇感新鲜，荔枝就是其中之一。绍圣二年（公元1095年）初夏，苏轼初尝闻名遐迩的荔枝，并作《四月十一日初食荔支》：

> 南村诸杨北村卢，白华青叶冬不枯。垂黄缀紫烟雨里，特与荔子为先驱。
> 海山仙人绛罗襦，红纱中单白玉肤。不须更待妃子笑，风骨自是倾城姝。
> 不知天公有意无，遣此尤物生海隅。云山得伴松桧老，霜雪自困楂梨粗。
> 先生洗盏酌桂醑，冰盘荐此赪虬珠。似开江鳐斫玉柱，更洗河豚烹腹腴。
> 我生涉世本为口，一官久已轻莼鲈。人间何者非梦幻，南来万里真良图。

---

① 春：广东阳春；循：广东龙川（古称循州）；梅：广东梅县；新：广东新化；高：广东高州；窦：广东信宜（古称窦州）；雷：广东雷州；化：广东化州。

在诗中，荔枝是一位身着绛罗襦、红纱衫的海山仙人，其倾城风骨绝不逊于杨贵妃。在荔枝面前，山楂与梨子顿时沦为粗糙不堪的俗物。东坡左手持桂花酒，右手从冰盘上取用一颗颗像浅红色龙珠的新鲜荔枝。他称心快意地品评道，荔枝的滋味，堪比世间两种绝妙的美味——江鳐①壳内的肉柱与河豚腹部的肥肉。最后，诗人自嘲曰："老夫贪恋口腹之欲，早已忘却莼鲈之思。"

次年的荔枝季再度坚定了他安居惠州的决心："日啖荔支三百颗，不辞长作岭南人。"②又如他在《新年》一诗中所吟，"丰湖有藤菜，似可敌莼羹"③，想来苏轼早已把贬谪之乡惠州视为自己的第二故乡。

绍圣三年（公元1096年），苏轼倾其所有在白鹤峰买下一块土地，这位61岁的老人已经做好终老于斯的准备。岂料，就在这一年的七月，苏轼的知己朝云抱病而终。自此，他的妻妾们已全部离世。关于苏轼的妻妾，下文将会详细介绍。次年二月，白鹤峰的新房终于完工。之后，长子苏迈带着暂居宜兴的家人前来团聚，这总算带给他些许慰藉。

在物资匮乏的惠州，苏轼研发出一道名曰"众狗不悦"的美味。菜名虽然古怪，却极为贴切。惠州市场寥落，当地每日只宰杀一只羊。苏轼不敢与官老爷们争相购买，只买他们所鄙弃的羊脊骨。不过，这种羊脊骨间也有一点点肉。将羊脊骨煮熟，漉出后随意抹点酒与薄盐，再烤至微焦后食用，味道最是绝妙。百无聊赖的时候，苏轼常常手捧一根羊脊骨，摘剔其间的"微肉"，一剔就是一整日。这种肉的口感如蟹螯④，每隔三五天食用一次，对身体大有裨益。此馔连骨头都被啃得如此彻底，狗儿们当然不开心了，苏轼便将其戏谑为"众狗不悦"。⑤

---

① 一种蚌类。

② [宋]苏轼：《食荔支二首（并引）》之二，《苏文忠公全集》之《东坡后集》卷五。

③ [宋]苏轼：《新年五首（其一）》，《苏文忠公全集》之《东坡后集》卷五。

④ 螃蟹的第一对足，状似钳。

⑤ [宋]苏轼：《仇池笔记》卷下。

惠州"风土食物不恶，吏民相待甚厚"①，这块贬谪之地俨然成为东坡心中的一片净土。此间的生活，清苦而安谧，正如黄庭坚诗中所云："饱吃惠州饭，细和渊明诗。"②在暖阳融融、惠风和畅的春日里，东坡时常会在白鹤新居的藤床上打个小盹。此时已白发苍颜的他，虽然历尽沧桑、久病缠身，但仍不改安详淡然之态：

> 白头萧散满霜风，小阁藤床寄病容。
> 报道先生春睡美，道人轻打五更钟。③

在这首《纵笔》中，东坡先生用白描手法轻盈地勾勒出自己在惠州时的生活剪影。岁月看似静谧悠然，殊不知这平静之下早已暗潮涌动。自绍圣四年（公元1097年）二月起，朝廷再次大规模追贬"元祐党人"，将比较核心的人物都贬至岭南。到这一年的闰二月，追贬苏轼的诏令也已下达，原本被贬在岭南的苏轼则被赶往更僻远的地方——海南岛上的儋州。前文提及，白鹤新居完工于绍圣四年二月，可见苏轼在惠州的安逸日子屈指可数，正如他迁居时所忧心的那样："新居成，庶几其少安乎？"

关于这一次追贬，相传是由于"新党"宰相章惇听闻苏轼所作"春睡美"的佳句，心中大为不快，于是将他一贬再贬，持此说的是南宋的《艇斋诗话》。其实，这次再贬行动并非针对苏轼一人，而是多达三四十人。陆游还从贬谪地与被贬者的名字之间发现一个令人惊愕的规律："绍圣中，贬元祐人：苏子瞻儋州，子由雷州，刘莘老新州，皆戏取其字之偏旁也。"④

不过，这一恶作剧当然有其内在的政治原因。当时，"新法"与"新学"以国家的名义被确定为唯一正确的政策方针与指导思想，成为世世代代必须遵守的"国

---

① [宋]苏轼：《答陈季常书》，《苏文忠公全集》之《东坡续集》卷十一。

② [宋]黄庭坚：《跋子瞻和陶诗》，《豫章黄先生文集》第七。

③ [宋]苏轼：《纵笔》，《补注东坡编年诗》卷四十《古今体诗六十九首》。

④ [宋]陆游：《老学庵笔记》卷四。

之所是"，其权威性甚至高过某个皇帝。①而当朝的哲宗皇帝以个人喜好区别对待"元祐党人"，并已开展具体行动，这势必会引起"新党"的恐慌，再次严厉打压"元祐党人"也就不难理解了。但是，他们不能从肉体上彻底消灭这些"元祐党人"。昔年，宋太祖登基时，曾立誓"其戒有三"，其中一条就是"不杀士大夫"②，想必这就是苏轼等人被一贬再贬却未被赐死的一大原因。

（四）儋州：从"儋耳地狱"到"我本海南民"

五月十一日，各自奔赴贬谪地的苏轼兄弟有幸相遇于藤州（今广西藤县），后相偕而行至雷州。这对肝胆相照、共同进退的兄弟分道扬镳于斯，此次分别竟成永诀！

苏轼渡海后，自琼州（今海口）登岛，由于地形所限，先向西，再折向南前往儋州。当苏轼行至琼州、儋州之间时，登高北望，四顾茫然，不由吟咏道："登高望中原，但见积水空。此生当安归？四顾真穷途！"③渡海后的东坡步入了新的人生旅程，而其诗歌生命也真正达到登峰造极的境界，在诗歌史上成为"与杜甫居夔州以后诗并称的最高艺术典范，标志着一种永远不可企及的炉火纯青的境界"④。

苏轼的目的地为昌化军，即海南儋州，又称"儋耳"。北宋时期的儋州到底是怎样的一个蛮荒之境呢？

东坡的轶事小说《仇池笔记》中有一条关于"儋耳地狱"的记载，故事讲的是儋耳城西一个名叫处子的平民死而复生的地狱经历。该地狱关押的都是本城的死鬼，令处子印象最为深刻的恐怕要数狱中死鬼们争相抢食的场面。

---

① 朱刚：《阅读苏轼》，南京大学出版社，2011年7月，第100页。

② [清]王夫之：《宋论》卷一。

③ [宋]苏轼：《行琼儋间，肩舆坐睡，梦中得句云："千山动鳞甲，万谷酣笙钟"，觉而遇清风急雨，戏作此数句》，《苏文忠公全集》之《东坡后集》卷六。

④ 朱刚：《阅读苏轼》，第113页。

或许在最初，"食物人烟，萧条之甚"的儋州对苏轼而言，确实近乎一个人间地狱。

苏轼离开惠州后不久，传来了苏迈丧子的噩耗。这位63岁的老人初到儋州时，丧孙之痛尚未平复，而周遭人地生疏的环境又给了他新的打击。据《儋县志》记载：

> 盖地极炎热，而海风甚寒，山中多雨多雾，林木阴翳，燥湿之气郁不能达，蒸而为云，淳而在水，莫不有毒。

苏轼在给友人的信件中如此描绘这一"六无"之地："此间食无肉，病无药，居无室，出无友，冬无炭，夏无寒泉。然亦未易悉数，大率皆无尔。"①面对一个无医无药的生存环境，他竟这样对朋友说道："每念京师无数人丧生于医师之手，予颇自庆幸。"

苏轼在《文说》中对自己的文思有这样一段评论：

> 吾文如万斛泉源，不择地而出。在平地，滔滔汩汩，虽一日千里无难。及其与山石曲折，随物赋形，而不可知也，所可知者，常行于所当行，常止于不可不止，如是而已矣！②

"随物赋形"，既可以指文思，也可以指个人遭遇生命中的"山石曲折"时的一种回应姿态。他在给友人的信中写道："尚有此身，付与造物者，听其运转，流行坎止，无不可者"③，此句与"随物赋形"有着异曲同工之妙。

正因为秉持这种随缘委命、旷达宽厚的气度，苏轼又一次把世人眼中的贬谪地狱变成人间天堂。当时，苏轼父子盘缠耗尽，又被朝廷所派按察岭外的官员逐出官舍。于是，他们在黎族学生的帮助下，在桃榔林中搭建起一个勉强能遮风避雨的

---

① ［宋］苏轼：《答程天侔三首（其一）》，《苏文忠公全集》之《东坡续集》卷七。

② ［宋］苏轼：《经进东坡文集事略》卷五十七《迩英进读杂说》。

③ ［宋］苏轼：《答程天侔三首（其一）》，《苏文忠公全集》之《东坡续集》卷七。

茅屋。

苏轼曾自命"上可陪玉皇大帝，下可陪卑田院乞儿"，此言甚为贴切。在海南，苏轼时常去黎族朋友家串门。一天访友归来，半醒半醉的他在一片竹梢刺藤丛中迷失了方向，幸好隐约还记得家在牛栏的最西面，于是循着牛屎一路往西面走，这一招果然奏效。

从"万里家在岷峨"①，到"家在江南黄叶村"②，再到"家在牛栏西复西"③，处处为家处处家的苏轼已然找到一个泰然自适、随遇而安的自处模式。这种模式从苏轼的组诗《谪居三适》——《旦起理发》《午窗坐睡》《夜卧濯足》自可窥见。

有一年冬天，海南的朋友送来一些生蚝。苏轼将生蚝破开，取出数升蚝肉，连浆带肉一起入锅，倒入少许黄酒同煮，其味"甚美未始有也"，后又将一些大个的生蚝烤熟后食用。海南岛海鲜品类丰富，慷慨的海南百姓常常给他们送来蟹、螺、八足鱼等海味。在尽享美味的同时，苏轼还不忘告诫儿子苏过切勿将此事外传，因为："恐北方君子闻之，争欲为东坡所为，求谪海南，分我此美也。"④

不过更多时候，苏轼在海南岛过的是艰苦卓绝的生活。在缺衣少食的日子里，三子苏过忽出新意，烹制出一道色香味奇绝的"玉糁羹"。苏轼尝后赞赏不已，惊叹道："天上酥陀则不可知，人间决无此味也"，并赋诗云：

> 香似龙涎仍酽白，味如牛乳更全清。
> 莫将北海金齑鲙，轻比东坡玉糁羹。⑤

---

① [宋]苏轼：《满庭芳·归去来兮》，《东坡词》。
② [宋]苏轼：《书李世南所画秋景》，《苏文忠公全集》之《东坡集》卷十六。
③ [宋]苏轼：《被酒独行，遍至子云、威、徽、先觉四黎之舍三首（其一）》，《苏文忠公全集》之《东坡后集》卷六。
④ [清]吴升：《大观录》之《苏文忠公法书》卷五《献蚝帖》。
⑤ [宋]苏轼：《过子忽出新意，以山芋作玉糁羹，色香味皆奇绝，天上酥陀则不可知，人间决无此味也》，《苏文忠公全集》之《东坡续集》卷二。

这道玉糁羹香浓似龙涎，滋味如牛乳。在此馔面前，连北海的金齑鲙都不值一提。你道"玉糁羹"为何物？苏轼在该诗的篇名中点出，玉糁羹只是一道山芋所蒸制的普通田园菜而已。关于山芋，此处有两条记载：

生于山者，名山药。《千金方》："薯蓣，一名山芋……"①
山药，本名薯蓣，以山土所宜，"故名山药……可以充食疗饥，兼作"东坡玉糁羹"。②

　　可见，宋代人口中的山芋应当为山药，而非今人所说的红薯或者芋艿。因此，所谓的东坡玉糁羹就是山药羹。一道山药羹怎会赢得苏轼如此高的赞誉呢？

　　我曾听母亲讲，昔年，村里有对一贫如洗的老夫妻。老太太面对长年劳作后疲惫不堪的丈夫心疼不已，家里买不起滋补的食物，她只得给瘦骨嶙峋的丈夫捧上一碗蔗糖水。据说，老人喝完那碗蔗糖水后，第二天竟"满血复活"。一碗蔗糖水能有多少滋补效果呢？同样，一道山药又会有多美味呢？这只能透露一点：此时东坡父子极有可能经常面临断炊之忧。既然连温饱都成问题，那么就更没有资格评论食物美味与否了。后来，苏辙谈起身处儋州时的苏轼，说他"日啖薯芋，而华屋玉食之念不存于胸中"③。

　　在黄州，东坡尚有长江鲜鱼和价贱如土的猪肉食用，而在儋州却面临"五日一见花猪肉，十日一遇黄鸡粥"的境地。猪肉、鸡肉鲜有，他只能与当地土著一样，顿顿食用薯芋。

　　海南本岛所产的粮食难以自给自足，往往需仰赖海船贩运。但海船能否畅通时常受限于天气，一旦天气条件恶劣，就会发生"北船不到米如珠"的现象。正因为"饮食百物维艰"，才会出现苏轼写给侄孙信中所提及的窘境："老人与过子相对，

---

① [宋]陈景沂：《全芳备祖（后集）》卷二十五《蔬部·山药》。

② [明]俞汝为：《荒政要览》卷九《备荒树艺》。

③ [宋]苏辙：《子瞻和陶渊明诗集引一首》，《栾城集》之《栾城后集》卷二十一。

如两苦行僧耳。"①

　　"苦行僧"的日子持续了整整三年。元符三年（公元1100年）正月，哲宗暴崩，其弟端王赵佶继位，即后来的宋徽宗。徽宗当政后，"元祐党人"又重新被起用，苏轼终于获得北归的机会。而此时，将近一半的元祐党人已死于贬所，另一半皆垂垂老矣！

　　苏东坡北归之前，给寄予厚望的学生姜唐佐留下两句诗——"沧海何曾断地脉，朱崖从此破天荒"，并补充道，等你将来考上进士，再为你续成全篇。但遗憾的是，大观三年（公元1109年）姜唐佐高中之时，东坡已溘然长逝，后由苏辙代为续诗："锦衣不日人争看，始信东坡眼力长。"史上从未出过进士的海南，终于在苏轼到来后一改"断地脉"的境地。

　　宋时海南岛的居民主要以"贸香为业"，作物粗放。当地一切繁重的劳作，都由妇女承担，而年富力强的男子却闲居在家。对农业文明来说，耕牛极其珍贵，但海南人极不爱惜。据《儋县志》记载，海南百姓生病后，有槌牛祭鬼的陋俗；丧葬时，又有宰牛款客的风习。这些现象唤起了苏轼那颗悯农之心，他亲自书写柳宗元的《牛赋》广作宣传，为海南的移风易俗、发展农业尽心竭力。苏轼每到一处，总是不遗余力地为百姓造福。当年在黄州，他曾为遏制溺婴的陋习奔走呼告。对于一个贬官来说，还能保有这份济世热情实属难能可贵！

　　苏轼是一个传播中原文化的使者，他对海南的文化影响可谓震古烁今。在海南，至今仍留有东坡村、东坡井、东坡田、东坡路、东坡桥以及东坡帽等遗存，甚至还有"东坡话"。

　　将官员贬至海南岛并非宋王朝的首创，唐代的宰相杨炎、韦执谊、李德裕等人也曾被贬往海南岛上的崖州（唐时治所在今海口境内）。三人之中，无一人能活着离开海南岛。其中，杨炎在距离崖州还有百里左右的地方被赐死，而韦执谊与李德

---

① ［宋］苏轼：《与侄孙元老书》，《苏文忠公全集》之《东坡续集》卷七。

《苏文忠公笠屐图》
明末陈洪绶绘

裕两人都死于崖州。苏轼后来能活着离开海南岛，确实是一个奇迹！

苏东坡的足迹遍布大江南北，东至山东蓬莱，西至四川眉山，北至河北定县，南至海南儋州。他颇能随遇而安，每到可心之地往往有着长居久安的计划，一有余力便买田置地，倾尽全力去营造一个温馨的家，甚至被贬至黄州、惠州、儋州这三个不甚讨喜的地方也是如此。当年，东坡在杭州为官时，曾对友人说"居杭积五岁，自意本杭人"①；而谪居黄州后，却对子由说"便为齐安民，何必归故丘"②；后来，到了惠州，他向世人宣布"不辞长作岭南人"；最后，朝廷将他贬至海南岛，他又对海南的父老乡亲们说"我本海南民，寄生西蜀州"③。这种"反认他乡作故乡"的心境大抵源自苏东坡自创的安身立命的哲学，正如他的《定风波》所吟："此心安处是吾乡。"④

关于本书的主题——饮食，苏东坡从不吝惜笔墨，他留下无数以饮食为题材的诗词与文章，

---

① [宋]苏轼：《送襄阳从事李友谅归钱塘》，《苏文忠公全集》之《东坡后集》卷三。
② [宋]苏轼：《子由自南都来陈三日而别》，《苏文忠公全集》之《东坡集》卷十一。黄州古称齐安。
③ [宋]苏轼：《别海南黎民表》，《补注东坡编年诗》卷四十八《古今体诗九十二首》。
④ [宋]苏轼：《定风波·谁羡人间琢玉郎》，邹同庆、王宗堂：《苏轼词编年校注（中册）》，第579页。

除却前文已提及的作品之外，还有《后杞菊赋》《菜羹赋》《元修菜》《春菜》《安州老人食蜜歌》《浣溪沙·咏橘》等。另外单是涉及美酒，就有《洞庭春色赋一首》《中山松醪赋》《酒子赋一首》《浊醪有妙理赋一首（神圣功用无捷于酒）》《真一酒》《桂酒颂》……他还有着多种美酒的酿造实践，如蜜酒、天门冬酒等。在儋州，他亲自尝试酿制天门冬酒。元符三年（公元1100年）正月十二日，天门冬酒成熟。好酒却不胜酒力的他亲自滤酒，只是"且漉且尝"而已，却以大醉收场。东坡还把一些酿酒经验记载在《东坡酒经》中，不过，其酿酒水平并未受到儿子的认可。据说，有人曾这样问苏过："东坡先生是否真的很善于酿酒？"苏过满脸堆笑地说道："如果你不怕拉肚子，我请你喝两大碗。"

史上还流传着不少关于苏东坡的饮食故事，其中较为有名的便是"三白饭"与"三毛饭"的轶事。

有一次，东坡对刘贡父说："我与弟弟子由在学经义对策时，每天以食用'三白饭'为乐，之后我们便不再相信世间还有八珍美味。"贡父问："'三白'为哪三样食物？"答曰："一撮盐，一碟生萝卜，一碗饭。"贡父听后大笑不止，不久之后下了一张请柬邀东坡吃皛饭。东坡早就忘记"三白饭"这一茬，还对人说："贡父博览群书，想来皛饭必有出处。"一到赴约的日子，他兴冲冲地前往刘家，只见食案上只摆出三样东西：盐、萝卜、饭，他这才悟出刘竟以"三白饭"这件旧事捉弄自己。饭局之后，东坡打道回府，在马上对刘说："明日我在家中设宴，以毳饭作为酬谢。"贡父虽知有"埋伏"，但仍十分好奇这种毳饭到底为何物，次日便迫不及待地前往苏家一探究竟。东坡与其侃侃而谈整日，却只字不提宴请一事。贡父饿得前胸贴后背，再三向他索食。东坡从容地回答："再稍等片刻。"少顷，贡父说自己已经饥不可忍，东坡这才笑着说："毛盐也，毛萝卜也，毛饭也，三个'毛'不正是'毳饭'吗？"原来，在南方一些地区，"毛"通"无"，毳饭即"三无"之饭。

贡父捧腹大笑道："我早知你会报复我，没想到出这么一个狠招。"①

苏东坡舌尖上的情趣，岂是本篇区区万把字的文章能说穷道尽的？名篇《老饕赋》就是他对自己这位精致吃货的一个完美总结。在文中，他自命"老饕"："盖聚物之夭美，以养吾之老饕。"用大白话说就是：全天下的美味呀，你们的存在都是为了满足我这个老馋鬼哦！在《老饕赋》文末，吃饱喝足的东坡先生大呼一声："先生一笑而起，渺海阔而天高。"②

从东坡所记食物的变化，我们可窥见东坡人生道路、心态的转变：初到黄州时，"长江绕郭知鱼美，好竹连山觉笋香"使其颇觉欣慰；被贬惠州时，仍有"三日饮不散，杀尽西村鸡"的兴致；哪怕在儋州日啖薯芋，依旧有"莫将北海金齑鲙，轻比东坡玉糁羹"的旷达。此生，苏轼饱尝世间甘苦。尽管阅尽人间百态之后，他对生活、对人——哪怕是仇人，也依旧古道热肠。时下流行的一句话恰如其分地道出了苏轼的人生态度："生活虐我千百遍，我待生活如初恋。"

苏轼画像
元代赵孟頫绘

---

① [宋]朱弁：《曲洧旧闻》卷六。

② [宋]苏轼：《老饕赋》，《苏文忠公全集》之《东坡续集》卷三。

二、苏轼的三个女人：青神二王氏与西湖王朝云

远在宋朝，民间就传言"眉山出三苏，草木为之枯"，又有徽宗朝的道士说苏东坡的灵魂在玉皇大帝驾前为文曲星，掌诗文。如此，苏东坡似乎是一个神化的生命。不过，东坡在《东坡志林》中坦言：调气养生之事，"难在去欲"，其余皆不足道。可见，他也是一个有着七情六欲，食人间烟火的凡夫俗子而已。苏东坡在一生中，注定与三位王姓女子有着千丝万缕的缘分。这三位女子中，谁才是他的真爱呢？

苏轼画像
北宋李公麟作
清代朱野云临摹

（一）"料得年年肠断处，明月夜，短松冈"

十年生死两茫茫。不思量。自难忘。千里孤坟、无处话凄凉。纵使相逢应不识，尘满面，鬓如霜。

夜来幽梦忽还乡。小轩窗。正梳妆。相顾无言、惟有泪千行。料得年年肠断处，明月夜，短松冈。①

这首《江城子（乙卯正月二十日夜记梦）》于熙宁八年（公元1075年）作于密州（山东省诸城），是苏轼为其发妻王弗所作的一首悼亡词，可谓字字含悲，句句催泪，被誉为"千古第一悼亡词"。彼时的苏轼早就续娶王闰之为妻，朝云也已入

---

① [宋]苏轼：《江城子（乙卯正月二十日夜记梦）》，邹同庆、王宗堂：《苏轼词编年校注（上册）》，第141页。

① [宋]苏轼：《江城子（乙卯正月二十日夜记梦）》，邹同庆、王宗堂：《苏轼词编年校注（上册）》，第141页。

苏家，而这些依旧无法拭去他对王弗的满腔思念。这一载，苏轼正值不惑之年，也是王弗逝去的第十个年头。生死异路，十年长别，自己早已"尘满面，鬓如霜"，而梦中的妻子依旧容颜不老。梦归处，娇妻正临窗梳妆；梦醒时，唯有千里之外短松冈上的一处孤坟，冷落而苍凉。

说起苏轼与王弗，与大部分才子佳人的故事一样，两人的结合颇富浪漫色彩。相传，少年苏轼在青神中岩书院求学时，品学出众的他深得青神县乡贡进士王方老师的垂青。一日，借着游春的机会，王方老师给众多学生出了一道考题：为中岩寺的一处鱼池取名。聚集在鱼池四周的学子们纷纷发表高论，"藏鱼池""引鱼池""跳鱼池"等未能免俗的名字当然无法让王老师称心快意。苏轼发现池中的鱼儿唤之即来，便提笔一挥而就，写下"唤鱼池"三字，字体秀美而俊拔。王方看后连连称妙。恰在此时，王方之女王弗让丫环将自己为鱼池所题的字送至池边。开卷一看，众人不禁拍手称绝。原来，王弗所题也是"唤鱼池"三字。其实，王方老师醉翁之意不在酒，他想利用这次契机，为爱女择一佳婿。这就是"唤鱼联姻"的佳话。仁宗至和元年（公元1054年），19岁的苏轼与16岁的王弗喜结伉俪。

王弗为人温婉和顺、恭谨持家，故深得公婆喜爱。她知书识字，机敏沉静，更是丈夫的贤内助。苏轼性情爽直、毫无城府，"眼见天下无一个不好人"，无论对谁都推心置腹。他的这种性格固然受人欢迎，却难免让自己在凶险的官场中屡屡受挫。所以，每每家中有人拜访时，王弗就躲在屏风后偷听来人与苏轼的谈话，她冷静地揣摩对方的来意，以助丈夫明辨是非，这便是"屏后听语"的故事。

然而，王弗仅仅陪伴苏轼11年就骤然西去了。在这11年里，她目睹苏轼从白衣书生到宰相之材的蜕变历程。从眉山到京师，京师到凤翔，凤翔再到京师，苏轼一路走来，都有这位贤妻的相伴相随。治平二年（公元1065年）五月，年仅27岁的王弗因病去世，仅留下一个不到7岁的儿子苏迈。面对妻子的离去，苏轼感觉天都塌了半边，他在妻子的墓志铭中说"余永无所依怙"①。祸不单行，次年四月苏洵去世。其后，苏轼与苏辙带着父亲与王弗的灵柩归蜀，将他们安葬在母亲的坟茔边上——眉山东北彭山县安镇乡可龙里。苏轼为安眠在此的至亲亲手种植3000棵松树以遥寄哀思。

（二）"惟有同穴，尚蹈此言"

熙宁元年（公元1068年）七月，居丧期满。十月，苏轼续弦，其继妻是王弗的堂妹——从小对苏轼倾慕有加的王家二十七娘。由于出生在一个闰月，苏轼为其取名"闰之"。她比苏轼小11岁，嫁到苏家时已20多岁。

熙宁年间（公元1068—1077年），苏轼担任密州知州。密州的生活艰苦卓绝，旱灾、蝗灾又接连不断，苏轼心乱如麻。一日，心烦意乱的苏轼在书房中来回踱步。这时，3岁的苏过进来，咿咿呀呀地拉着父亲的衣角，一直央求他陪自己玩。对此，苏轼暴跳如雷，一声呵斥把小儿吓得哇哇直哭。闰之闻声而来，抱过儿子，且轻声细语地劝慰丈夫说："小孩子不懂事，难道你这个大人也不懂事吗？何必跟他一般见识。你整日愁眉不展有什么用呢？快来喝杯酒解解闷，我帮你清洗酒杯。"听完妻子这番质朴话语，苏轼深有愧意，提笔将这一生活场景定格在《小儿》这首诗中：

> 小儿不识愁，起坐牵我衣。
> 我欲嗔小儿，老妻劝儿痴。
> 儿痴君更甚，不乐愁何为。
> 还坐愧此言，洗盏当我前。
> 大胜刘伶妇，区区为酒钱。②

---

① [宋]苏轼：《亡妻王氏墓志铭》，《苏文忠公全集》之《东坡集》卷四十。
② [宋]苏轼：《小儿》，《补注东坡编年诗》卷十三《古今体诗四十三首》。

与苏轼在一起的日子里，王闰之最担惊受怕的恐怕要数"乌台诗案"爆发之后的半年。苏轼被捕时，闰之痛哭不已，正当他无计可施之时，突然想到一个故事：当年，宋真宗下令寻求天下能人贤士，有一位名叫杨朴的人因擅长赋诗而被人举荐。真宗得知后立即召见此人，兴致盎然地令其当场赋诗。杨朴连说自己不会作诗，真宗问道："临行前是否有人写诗相赠？"杨朴回答说："我的妻子作了一首绝句。"接着，他摇头晃脑地吟道：

　　　　且休落魄贪酒杯，更莫猖狂爱咏诗。

　　　　今日捉将官里去，这回断送老头皮。

　　讲完故事后，苏轼对妻子说："你能否跟杨夫人一样，也写一首诗赠我？"这个故事使闰之破涕为笑。

　　苏轼在《南歌子·感旧》一词中提及，爱妻因为乌台诗案"半年眉绿未曾开"。阔别半年，夫妻二人终于等到"春雨消残冻，温风到冷灰"的时节，彼此的思念之情在该词的字里行间呼之欲出。

　　苏轼躬耕于东坡的日子里，家里的耕牛病重，连牛医也束手无策。闰之到牛棚一看，发现这头牛生了豆斑疮，于是命人煮好一大锅青蒿粥给牛治病。病牛吃后，果然不久便痊愈了。这让苏轼颇觉自得，在给章惇的信中他还提及此事。

　　元丰五年（公元1082年）十月十五日，苏轼与两位友人准备复游赤壁，正愁没有美酒助兴，回家就与妻子说起此事。闰之早已偷偷为其珍藏了一斗好酒，以待不时之需。苏轼听后欣喜万分，将这件温馨的小事记录在《后赤壁赋》中：

　　……已而叹曰："有客无酒，有酒无肴，月白风清，如此良夜何！"客曰："今者薄暮，举网得鱼，巨口细鳞，状似松江之鲈。顾安所得酒乎？"归而谋诸妇。妇曰："我有斗酒，藏之久矣，以待子不时之需。"于是携酒与鱼，复游于赤壁之下。[1]

---

① [宋]苏轼：《后赤壁赋》，[明]茅坤：《唐宋八大家文钞》卷一百四十四《东坡文钞》二十八。

王闰之陪伴苏轼渡过人生的首次低谷——乌台诗案、谪居黄州,也曾领略丈夫在官场中最辉煌的时刻——参与郊祀大典,进官端明殿学士、翰林侍读学士、礼部尚书。她追随苏轼走南闯北,辗转于京师、杭州、密州、徐州、湖州、黄州、江宁、常州、扬州、泗州、登州、颍州等地。经历几番政治风波之后,苏轼"致君尧舜"的热情渐渐冷却下来,更多时候他企盼着能在迟暮之年与妻携手同归故里。然而,在元祐八年(公元1093年)八月,闰之撇下苦心经营25年的家撒手西去。

王闰之数十年如一日,在苏家相夫教子,持家有方,不失为贤妻良母的典范。她死后,苏轼哀痛至极,叹息道:从今往后,每天黄昏谁倚门盼我归来?又有谁为我去田间送饭?他在《祭亡妻同安郡君文》中这样写道:

> 昔通义君,没不待年;嗣为兄弟,莫如君贤。
> 妇职既修,母仪甚敦。三子如一,爱出于天。
> 我从南行,菽水欣然。汤沐两郡,喜不见颜。
> 我曰归哉,行返丘园。曾不少须,弃我而先。
> 孰迎我门,孰馈我田?已矣奈何!泪尽目干。
> 旅殡国门,我实少恩。惟有同穴,尚蹈此言。①

王闰之为苏轼生养二子——苏迨与苏过,加上王弗留下的儿子苏迈,她总共为苏家抚养了三个儿子。难能可贵的是,她对苏迈视如己出,倍加呵护。故而,苏轼为其所作的祭文中有"三子如一,爱出于天"这样的赞誉。苏轼在作品中不止一次地表达对妻子"三子如一,爱出于天"的感激,又如《蝶恋花(同安生日放鱼,取金光明经救鱼事)》一词中,有"三个明珠,膝上王文度"之句。"三个明珠"即苏轼的三个儿子。"膝上王文度"则讲的是东晋名臣王坦之的事迹,苏轼运用此典表现王闰之对三个儿子一视同仁,疼爱有加。王坦之,字文度。他从小备受父亲王述

---

① [宋]苏轼:《祭亡妻同安郡君文》,《东坡后集》卷十六。同安郡君为王闰之之封号。

的宠爱，即使成人后仍经常被父亲抱着坐于膝上，故有"膝上王文度"之称。

苏轼对王闰之的感情，除却爱恋之外，想必更多的是敬意与感恩。在给闰之的祭文中，苏轼提出自己死后要与其"同穴"，也许只有如此，才能回报她的恩情。苏轼的三个女人当中，他仅与闰之一人有着"同穴"之约。闰之的灵柩一直停厝在京西的一座寺庙里，直到徽宗建中靖国元年（公元1101年）苏轼去世以后，她的尸骨才与丈夫重聚，两人合葬于汝州郏城县小峨眉山。

（三）"伤心一念偿前债，弹指三生断后缘"

熙宁六年（公元1073年），苏轼奔赴杭州担任通判。次年，苏夫人买了一位聪慧的小丫头，年仅12岁，名唤朝云。朝云原本是杭州的一位歌伎，在苏轼的文学作品中，提到最多的一位女性就是她。

姬妾原本为富贵豪门锦上添花之用，苏家在鼎盛时期也曾蓄养数名歌伎。苏轼身陷穷途后，她们自然各奔前程去了。而朝云却不同，20余年来，她一如既往地追随苏轼，与主人患难相扶。曹雪芹在《红楼梦》中，凭借贾雨村之口，将朝云与卓文君、红拂、薛涛、崔莺莺等女子并称，视她们为"情痴情种"。

元丰六年（公元1083年）九月二十七日，朝云在黄州生子遁，小名干儿。三天后，苏轼为他举行洗礼，且赋诗一首：

> 人皆养子望聪明，我被聪明误一生。
> 惟愿孩儿愚且鲁，无灾无难到公卿。①

苏轼对这个小儿子钟爱无比，然而，就在第二年的七月二十八日，十个月大的苏遁病亡于金陵。对此，朝云悲不自胜，苏轼在诗中说："母哭不可闻，欲与汝俱

---

① [宋]苏轼：《苏文忠公全集》之《东坡续集》卷二。

亡。故衣尚悬架，涨乳已流床。"①之后，朝云再未生育。对于幼子的早夭，苏轼自言"我泪犹可拭，日远当日忘"。然而，中年丧子这一伤痛真能随着时光的流逝而渐渐抚平吗？事实上未必如其所言。笔者查阅史料，发现苏轼与苏遁的祭日竟同为七月二十八日。

元祐年间（公元1086—1094年）为苏东坡官运亨通的阶段。苏轼把新家安在东华门一带的百家巷，该地处于城中区，且离皇宫颇近，故此处的住宅区深受朝廷高级官员们的追捧。京城的官宦生活与黄州的农家日子相比，可谓判若云泥。其间，他的一妻一妾自然阅尽了京都的繁华。

不过，身居高位未必比身为农夫更快乐。有一次，苏轼与司马光二人因为政见不合而发生激烈的争执。苏轼怒气冲冲地回到家中，将外套一扔，对着朝云喟然长叹："司马牛！"原来，孔子有位学生名叫司马牛，恰好与司马光同姓。

一天晚饭后，苏轼在屋内踱步，他指着自己的便便大腹问身边的侍女们："你们猜猜我这肚子里装的是什么？"有的说是满腹墨水，有的说是满腹文章，还有的说是满腹学问，苏轼频频摇头。朝云笑着说，是"一肚皮不合时宜"。苏轼听后深以为然，抚掌大笑。在政治上，苏轼推重"慎思"与"公正"，而这两点极为党人所鄙弃。朝云作为知己，深知他的不合时宜。

早在熙宁年间（公元1068—1077年），苏轼在《颍州初别子由二首》中感喟自己"生如飞蓬"，后竟一语成谶。林语堂先生在《苏东坡传》中说："'飞蓬'一词足以象征东坡的一生，因为从现在起，他就成为政治风暴中的海燕，直到他去世，就不会再在一个地方安安静静度过三年以上的时光。"既然苏东坡"生如飞蓬"，一心追随他的朝云，其命运早已注定。绍圣元年（公元1094年），由于政局的变化，苏轼数次接到贬谪诏令，此次贬所最后定为惠州。苏轼身携苏过、朝云南下，于十月二日抵达惠州。抵惠后不久，苏轼为朝云作《朝云诗》《殢人娇·赠朝云》等名篇。

① [宋]苏轼：《去岁九月二十七日，在黄州生子遁，小名干儿，颀然颖异。至今年七月二十八日，病亡于金陵，作二诗哭之》，《补注东坡编年诗》卷二十三《古今体诗四十四首》。

岭南是瘴疠丛生之地，朝云柔弱的身体哪里禁受得住如此恶劣的自然环境？绍圣三年（公元1096年）七月，年仅34岁的朝云罹患恶疾，不幸卒于惠州。临终前，她淡然地吟诵《金刚经》中的四句偈语，"一切有为法，如梦幻泡影，如露亦如电，应作如是观"，其后安详逝去。从12岁到34岁，是女人一辈子最曼妙的年华，朝云毫无保留地将最美好的岁月奉献给这位长自己20余岁的大文豪。她弃世之后，苏轼写了不少佳作以悼念这位忠贞不贰的知己，《悼朝云》就是其中的典型。

> 苗而不秀岂其天，不使童乌与我玄。
> 驻景恨无千岁药，赠行惟有小乘禅。
> 伤心一念偿前债，弹指三生断后缘。
> 归卧竹根无远近，夜灯勤礼塔中仙。①

　　在诗中，苏轼并未与红尘间痴情的男子一样，反复对爱侣强调"生生世世为夫妻"的誓言。相反，他希望朝云此生前债已偿，死后与自己"断后缘"，祈祷她能够超脱生死轮回，进入极乐世界。

　　苏轼将她葬在两人心目中共同的圣洁之地——丰湖岸边栖禅院东南山坡上的松树林中，并亲撰墓志铭。墓志铭往往是谄媚死者的陈词滥调，因此，若非出自真心，苏轼从不轻易为人撰写，在他的文集中仅有11篇墓志铭，其中有两篇是代他人所作，所以严格来说，仅有9人获此殊荣。这9人分别为：范镇、王弗、乳母任氏、保姆杨氏、张方平、眉山道士陆惟忠、李太师、朱亥，以及朝云。在朝云的墓志铭中，苏轼给予她极高的评价，"敏而好义，事先生二十有三年，忠敬若一"②，另有16字铭文："浮屠是瞻，伽蓝是依。如汝宿心，唯佛是归。"字里行间没有纠缠不清的男欢女爱，而是遵从她的宿愿——"唯佛是归"。

---

①　[宋]苏轼：《悼朝云》，《苏文忠公全集》之《东坡后集》卷五。

②　[宋]苏轼：《朝云墓志铭》，《苏文忠公全集》之《东坡续集》卷十二。

是年十月，松风阁畔的梅花如期而绽。苏轼睹物思人，一首绝妙的《西江月·梅花》从他笔尖流淌而出。在词中，他将圣洁的梅花比作这位独眠于此的知己，以咏梅寄托哀思，全篇如下：

　　玉骨那愁瘴雾，冰姿自有仙风。海仙时遣探芳丛。倒挂绿毛幺凤。
　　素面翻嫌粉涴，洗妆不褪唇红。高情已逐晓云空。不与梨花同梦。①

如果说苏轼在宦途中的知音是王弗，生活上的知音是闰之，那么精神领域的知音则是朝云。他与朝云虽然年龄相差悬殊，但那根本不是问题。两人有着共同的信仰，经常一起参禅，因而在精神上能达到高度契合。在初涉官场时，他有王弗相佐；在宦海浮沉中，他有闰之与朝云为伴；而在穷途末路之时，他尚有朝云的生死相依。苏轼的一生能有这样三位知己相伴，实乃人生之幸！但他也为此经历了三次夫妻间的生死永别，亦为人生之大不幸！

---

① [宋]苏轼：《西江月·梅花》，邹同庆、王宗堂：《苏轼词编年校注（中册）》，第785页。

第二章

蔡京的口腹之欲

一、太师府中的美食名作

据传，有一位士大夫在京城中买了一名小妾，该女子自称是蔡太师府"包子厨"中的一员。一天，他对小妾说："蔡太师家的包子闻名遐迩，我很好奇这包子到底是什么滋味，你做几个给我尝尝？"不料，小妾却一口拒绝了这一请求，理由很简单：她根本不会做包子。士大夫不禁追问："你既然是'包子厨'中人，为何不会做包子？"小妾理直气壮地说："妾乃'包子厨'中缕葱丝者也，焉能作包子哉？"[1]

行文至此，各位读者是否与这位相公一样，因无法领略到蔡太师府中的包子而颇觉扫兴呢？为了弥补各位看官的遗憾，笔者先带大家领略一下宋代的夹馅面点——包子与馒头的风姿，之后还会在下文中详细介绍蔡太师家的另一味美食。至于是什么美食，此处先埋个伏笔。

在宋代，包子与馒头是登得上大雅之堂的美食。彼时，大城市中有专门的"包子酒店"，专卖灌浆馒头、薄皮春茧包子、虾肉包子之类。[2]北宋人还把包子铺开在京城的御街一带：从皇宫正门宣德楼沿着御街一直往南走，过了州桥以后，街道两边全是民居，东边有王楼山洞梅花包子，御廊西面还有一家鹿家包子铺。[3]

《梦粱录》的"荤素从食店"中，仅包子、馒头的名目就有细馅大包子、水晶包儿、笋肉包儿、虾鱼包儿、江鱼包儿、蟹肉包儿、鹅鸭包儿、四色馒头、太学馒头、糖肉馒头、羊肉馒头、笋肉馒头、鱼肉馒头、蟹肉馒头、麸笋丝假肉馒头、笋丝馒头、裹蒸馒头、菠菜果子馒头、七宝酸馅、姜糖、辣馅糖馅馒头等，[4]不胜枚举。

---

① [宋]罗大经：《鹤林玉露（补遗）》，"缕葱丝妾"条。

② [宋]吴自牧：《梦粱录》卷十六，"酒肆"条。

③ [宋]孟元老：《东京梦华录》卷二，"宣德楼前省府宫宇"条。

④ [宋]吴自牧：《梦粱录》卷十六。

如果生在宋代的达官显贵之家，你还可以尝到一种别样的包子。这种包子为皇帝御赐，既不包荤馅儿也不夹素馅儿，那它到底是什么馅儿呢？原来，每逢皇子、公主诞生，皇帝会赐予皇亲国戚与朝廷要员"育儿包子"作为庆祝。育儿包子与普通包子不同，它以金银珠宝为馅儿。如果生的是皇子，赐罢育儿包子之后，朝中各位宰相还可以得到其他赏赐，其余官员则无此优待。①

农历的六月，东京街头巷尾的热闹地段总能看到出售瓜果与点心的小摊子。幸运的是，此处无城管出没，街上笼罩在一片太平祥和的气息之中。这些小商贩时常当街撑开一把青布大伞，伞下放置长凳子以及堆满商品的"柜台"。"旧宋门"外有两家以出售冰镇甜点而声名远播的小摊，他们出售的食物全用银质器具盛放，颇为精致考究。"沙糖绿豆、水晶皂儿、黄冷团子、鸡头穰、冰雪、细料馉饨儿、麻饮鸡皮、细索凉粉、素签、成串熟林檎、脂麻团子、江豆锅儿、羊肉小馒头儿、龟儿沙馅之类"②，都是他们的招牌美食。此处有一味"羊肉小馒头儿"，它与寻常蒸笼内热气腾腾的馒头大为不同。这道馒头与冰镇甜点一起出售，想来也是夏日里的一道消暑面点。在京城的馒头店中，大内前州桥东街巷一带的"孙好手馒头"远近驰名。

馒头不仅是市民们的日常食物，它也是宫中的待客佳品，宋宫御宴上就出现过馒头的踪影。每年农历十月十日为徽宗寿诞，这一天被定为"天宁节"。十月十二日，文武百官与皇室宗亲都要进宫向天子朝贺。寿宴上，在各位来宾敬献第八盏御酒后，侍从向各桌传送下酒美食，其中一道被称为"独下馒头"。③

北宋最高学府太学，其厨房中供应一种馒头，人称太学馒头。神宗对这种用于特供太学师生的馒头赞不绝口，他称颂道："以此养士，可无愧矣！"此后，太学馒头誉满京师，太学生更以食用此馒头为荣。至南宋，随着北民南迁，太学馒头也传至江南，成为一道享誉杭州城的名点。这道太学馒头的庐山真面目究竟如何呢？

---

① [宋]蔡绦：《铁围山丛谈》卷四。

② [宋]孟元老：《东京梦华录》卷八，"是月巷陌杂卖"条。

③ [宋]孟元老：《东京梦华录》卷十，"宰执亲王宗室百官入内上寿"条。

幸而岳飞的后人岳珂为我们留下了一首馒头诗，诗曰：

几年太学饱诸儒，薄技犹传笋蕨厨。

公子彭生红缕肉，将军铁杖白莲肤。

芳馨政可资椒实，粗泽何妨比瓠壶。

老去齿牙辜大嚼，流涎聊合慰馋奴。①

　　诗中披露，当年的太学馒头馅料考究，以鲜笋、蕨菜、肉末为主料制作而成。蒸熟后的太学馒头英姿挺拔，面皮细腻白嫩堪比白莲花，馅儿鲜香不腻。食客面对这道质嫩香郁的太学馒头，馋虫早已在喉际四下乱窜。此馔口感虽然柔软，但发落齿摇的老人却无法尽情大啖，只得闻着香味空咽馋涎，聊以自慰。

　　馒头还是蔡太师府宴饮时的一道招牌美馔。蔡京与同僚们聚餐时，单是一味蟹黄馒头，就耗资一千三百余缗。②后人据此痛斥蔡京奢靡无度，但是也有人为他辩解，说这根本算不上奢侈。同样是食蟹，《闻见后录》中还有一条有关仁宗的记载。

　　仁宗在宫中设宴时，见席上有一道蟹，共28枚。他说："吾尚未动筷，每只蟹值多少钱呢？"左右答道："值一千。"仁宗听后大为不悦，说道："吾屡次告诫你们切莫奢靡，此馔一下箸就是二十八千钱，吾不忍心吃。"话毕，那份蟹被搁在了一边。③

　　据《东京梦华录》的记载，中秋节前夕，东京的螯蟹新鲜上市。此时的螃蟹肉质丰满，肥美多膏，鲜美绝伦，正当时令。京城中一些高级酒店，如州桥炭张家与奶酪张家都有螃蟹供应，炒蟹、渫蟹、洗手蟹、酒蟹等都是他们的招牌美馔。④

　　宋时，用蟹为食材的佳肴，以蟹酿橙名声最著。顾名思义，此馔以蟹、橙为食

---

① ［宋］岳珂：《馒头》，《玉楮集》卷四。

② ［宋］杨仲良：《宋通鉴长编纪事本末》卷一百三十二《徽宗皇帝》。

③ ［宋］邵博：《闻见后录》卷一。

④ ［宋］孟元老：《东京梦华录》卷九，"中秋"条，卷三，"饮食果子"条。

材，酸咸可口，最宜下酒。其烹饪手法为：将熟透的大橙子截去顶部，剜去瓤，留少许汁液，填入蟹膏、蟹肉后，用原先的顶部重新覆盖好。再将其放入小甑，用调入酒与醋的水蒸熟后，加入醋、盐即成。①

宋人有诗云："不到庐山辜负目，不食螃蟹辜负腹。"谈起食蟹，两宋时期出现了两位食蟹大师——傅肱与高似孙。与一般吃货不同的是，这两位行家还吃出理论，分别创作出两部食蟹专著——《蟹谱》与《蟹略》，其中以后者更为翔实。《蟹略》一书记载了彼时各种螃蟹及其吃法，当然也包括前文提及的蟹黄与洗手蟹。

早在唐代广东一带，人们就已经将肥美的螃蟹剥开，取出白嫩的蟹肉与黄澄澄的蟹黄混合，经五味调和后用旺火烧熟，此为唐宋时期蟹黄包的内馅。至宋代，京城中人以食用蟹黄包为风尚。②洗手蟹，即微糟的生蟹，将生蟹用盐、酒腌制，再和入姜、橙即可。苏东坡诗中所吟"半壳含黄宜点酒"指的正是此蟹。③

回到前面的问题：蔡京宴请同僚时，一味蟹黄馒头就花费一千三百余缗，这到底算不算奢侈呢？

先简单来了解一下古代的计量单位。一缗约为一贯，相当于一串铜钱，即一千文。那么，一道蟹黄馒头耗费约1300000多文钱。在宋朝，这么多钱到底是什么概念呢？

仁宗天圣八年（公元1030年），全国粟米价格为每石300文。元祐元年（公元1086年），内地广大地区正常年景的粮价是每石200文，僻远地区更便宜，每石仅140至150文。至徽宗宣和四年（公元1122年），全国平均米价大约每石2贯500文至3贯。④

也就是说，仁宗所食的那枚价值一千文的螃蟹，在当时可以换得约3.3石粟

---

① ［宋］陈达叟等：《蔬食谱·山家清供·食宪鸿秘》，浙江人民美术出版社，2016年10月，第29页。

② ［宋］高似孙：《蟹略》卷三，"蟹黄"条。

③ ［宋］高似孙：《蟹略》卷三，"洗手蟹 酒蟹"。

④ 程民生：《宋代物价研究》，人民出版社，2008年11月，第122—123页。

宦海浮沉篇

39

米。宋时的一石，相当于今天的75.96千克。①3.3石约合250千克，难怪他不忍下箸。而生活在徽宗时代的蔡京，据宣和四年的米价，他宴客时的一味蟹黄馒头可以换成433至520石大米，即约32891至39499千克。更明确地说，蔡太师府宴席上一味螃蟹馒头的花费，在今天至少可以买到约33吨大米，这个结果令人瞠目结舌。在今天，普通大米批发价在2至3元之间。若按2.5元一斤计算，33吨大米值165000元！

不过，蟹为季节性水产，不同的季节，其价格往往相去甚远。当然，蟹的价格也会因地域的差异而改变。譬如，在河朔一带遍布池塘湖泊之地，连霜后个大肥美的螃蟹都"不论钱也"。②又如，《倦游杂录》提到，在广东沿海的南恩州，一文钱可以买到两只螃蟹。③蔡京家的厨房如何做出天价蟹黄馒头我们不得而知，不过我想，同样的一道牛排，在"巴菲特午餐"指定餐厅与在必胜客的价格显然有着天壤之别。

再来看一下北宋其他官员的生活情况。元丰三年（公元1080年），也就是距"蟹黄馒头"事件仅30余年之前，苏轼被贬黄州，全家20余口人面临断炊之忧。于是，他"痛自节俭"，规定每日用度不得超过一百五十钱。如果按元祐元年（公元1086年）偏远地区的粮价来算，苏家每天的花费不得超过一石大米的价钱，即相当于今天75.96千克大米的钱，约为379.8元。

所以，若是《宋通鉴长编纪事本末》与《闻见后录》中的记载属实，且食蟹的年份不在局势动荡的宣和末年，那蔡太师的奢侈挥霍便一望而知。此外，既然是宴请，显然不会只有一味蟹黄馒头。

据传，蔡京还喜食鹌鹑，烹制每道鲜美的鹌鹑都要捕杀数百只鲜活的小生命。一天夜里，他梦到不计其数的鹌鹑齐聚跟前，其中一只上前致辞曰：

---

① 罗竹风主编：《汉语大词典缩印本（下卷）》，第7776页。

② [宋]何薳：《杂记》，《春渚纪闻》卷三。

③ 程民生：《宋代物价研究》，第176页。

食君廪中粟，作君羹中肉。

一羹数百命，下箸犹未足。

羹肉何足论，生死犹转轂。

劝君宜勿食，祸福相倚伏。[①]

　　吃一次鹌鹑就要杀掉数百只，这一说法显然有悖常理，因为即使几个大胃王一起，一次也吃不下几百只。不过，有人解释说蔡京吃的不是鹌鹑肉，而是鹌鹑舌，这一吃法看似更符合逻辑，也更合乎蔡京的品味，但古人并没有留下任何关于食用鹌鹑舌的史料。

　　咱们把话题回到蔡太师府的厨房。假如这位"缕葱丝"小妾所言无误，那我们不妨天马行空地联想一下：蔡太师府"包子厨"中的葱丝小组中想必还有摘葱丝者、洗葱丝者、切葱丝者。进而，包子厨中必定还有肉酱小组、面皮小组、蒸包小组、柴火小组等。如果有包子厨，那么应该还有"面条厨""大饼厨""饺子厨""馄饨厨"等面食类大组。以此类推，面食大组之外或许还有米食、肉食、蔬菜、水产、点心、酒品、果品、茶水等大组……此外，还有对应的厨师、帮厨、采购、杂工等。可想而知，蔡太师府中这个偌大的厨房没有成百上千号人恐怕无法成功运转。

　　不过，蔡京在生前就已经声名狼藉，所谓墙倒众人推，谁又能保证这些不是嫉恶如仇的宋人编排出来的故事呢？

二、北宋的"凯恩斯"

　　有人曾对"缕葱丝妾"这条记载提出质疑，认为《鹤林玉露》的作者罗大经要黑的不是蔡京，而是秦桧。无论是蔡太师还是秦太师，两人的历史形象都是大奸大

---

① ［宋］陈岩肖：《庚溪诗话》卷下。

恶之徒，其恶行罄竹难书。《鹤林玉露》是一本文言轶事小说，书中所记的事件不免带有作者主观感情色彩和道听途说成分。然而，蔡太师贪污腐化、生活豪侈确属事实，这在正史中也有不少记载。他不时地向徽宗皇帝灌输"丰亨豫大"的理念，并且能将其表达得头头是道，分析得合情合理。所谓的"丰亨豫大"，大抵如《宋史》中所说的"视官爵、财物如粪土"。在蔡京看来，越挥霍，国家越繁荣。这个想法看似有点凯恩斯经济理论的意味，故有人将蔡京戏谑为"北宋的凯恩斯"。

一次，徽宗在宫中大宴群臣，他命人拿出玉盏、玉卮，并问各位辅臣："朕欲用此，又深恐旁人评论太过奢华。"这时，一旁的蔡京说："当年我出使契丹，他们拿出后晋的玉盘、玉盏向臣炫耀，还嘲笑咱们南朝没有这些东西。如今将这些玉器用在陛下的寿宴上，于礼无嫌。"徽宗接着说道："这些东西放置很久了，朕深惧人言，故不敢用。"蔡京又忙不迭地解释说："如果事情合乎情理，旁人即使多言也不足为惧。陛下应当享受天下的供奉，区区玉器，何足道哉！"[①]

对于蔡京大力倡导的"丰亨豫大"思想，宋徽宗欣然接受，并在全国范围内加以贯彻。在蔡京的主导下，朝廷开始全方位改革。在经济改革中，其中一项对社会影响极度恶劣，那就是"盐钞法"。此法实行以后，旧的盐钞悉数作废。手头持有数十万缗盐钞的富商巨贾在一夕之间或沦为流民，或变成乞丐，乃至投水自尽或者自缢身亡。淮东提点刑狱章綡知情后上书反对盐钞法，认为此法误民。蔡京得知后大怒，当即罢免了他的官。[②]这项改革使朝廷在短期之间捞取巨额资产，富商巨贾却被逼上绝路。与民争利的行为无异于杀鸡取卵，最终必然导致国家经济颓势。

魏伯刍在蔡京的提拔之下掌管榷货，"造料次钱券百万缗进入"，徽宗喜出望外地对左右说："此太师与我奉料也！"徽宗在蔡京营造的虚假繁荣之下志得意满，自以为天下富足，于是两人一唱一和，开始"铸九鼎，建明堂，修方泽，立道

---

① [宋]王称：《东都事略》卷一百一《列传》八十四。

② [元]脱脱：《宋史》卷四百七十二《列传》第二百三十一《奸臣》二。

观""凿大伾三山，创天成、圣功二桥"，修筑延福宫，治理景龙江，大兴花石纲之役，营造艮岳。如此劳师动众，以致民不聊生、怨声四起。然而，蔡京还恬不知耻地以古代的贤相后稷、契、周公、召公等人自喻。[1]

在蔡京上位期间，天空多次出现日食与彗星，古人将这些自然现象视为上天的警告。在上天一次次的警示、忠臣一次次的弹劾之下，徽宗几度下令罢免蔡京。然而，这位昏聩的天子总是经不住蔡京及其心腹的蛊惑，又屡次起用他。徽宗年间，蔡京经历四次拜相，四次罢相，这个恶性循环终于被靖康元年（公元1126年）南侵金兵的铮铮铁蹄声所打破。

三、奸臣的形貌

奸臣在戏剧舞台上往往是膀阔腰圆、满脸横肉、贼眉贼眼，甚至大黄板牙往外龇的油腻外形。那历史上的蔡京到底是什么形象呢？

蔡京对生活颇有品味，可以说是一位精致的老男人。以熏香为例，与一般人不同，他摈弃了用香炉熏蒸的旧法。每次熏香时，先由小丫鬟在堂屋旁边的房子里燃烧上好的香料。等香雾氤氲、香气四溢之后，丫鬟倏地撤帘，霎时"满室如雾"。面对客人的诧异之色，蔡京屡屡以内行人的口吻徐徐道出其中的缘由："香如此烧，方无烟气。"[2]

至于蔡京的体貌如何，史书并没有明确记载，不过可以根据一些史实加以适度推测。在此之前，先来认识一下人称"宋朝第一美女"的茂德帝姬。

政和三年（公元1113年），徽宗采纳蔡京的提议，仿照周代的"王姬"称号，

---

① [元]脱脱：《宋史》卷四百七十二《列传》第二百三十一《奸臣》二。
② [清]吴士玉：《骈字类编》卷一百八十三《草木门》八。

下令将"公主"一律改称为"帝姬"。①因此，所谓的茂德帝姬其实就是茂德公主。茂德帝姬为徽宗之女，芳名赵福金，是徽宗34个女儿中最受恩宠的一位。徽宗修筑寿山时，自闻阖门开辟复道，直通的就是茂德帝姬宅。②

享受父皇千恩万宠的茂德帝姬，其终身大事自然马虎不得。徽宗在千挑万选之后，最终选定蔡京的第五子——宣和殿待制蔡鞗为驸马。蔡鞗对大宋鞠躬尽瘁，对徽宗赤胆忠心，他的忠耿在记录北宋皇室北迁经历的《北狩行录》中可见一斑，不过这是后话。虽然，这一对夫妇的结合有着政治联姻的目的，不过朝中青年才隽济济一堂，而徽宗偏偏选择蔡鞗，可见其绝非平庸之辈。可以想象，蔡鞗的外貌绝不会太次，应当是一位风度翩翩、仪表堂堂的贵胄公子。如此，从生物遗传学的角度推测，蔡京不大可能是如前文所述的这种形象。况且，以徽宗这位艺术家的审美，显然不会让一位面目可憎、有碍观瞻的重臣每天在自己眼前晃来晃去。徽宗倚重的另一位宰相王黼，也是一位风流倜傥的美男，《宋史》赞其"美风姿，目睛如金"。

关于蔡京其人，宋代官方主持编撰的《宣和书谱》赞曰："早有时誉，擢进士甲科，博通经史，挥洒篇翰，手不停缀，美风姿，器量宏远。"③从描述来看，蔡京是一位风姿俊逸的大才子，年轻时就已经才名远扬。想必每每他挥毫时，不知多少人为之倾倒。当论及蔡京的书法时，此书更是誉不绝口：

> 其字严而不拘，逸而不外规矩，正书如冠剑大臣，议于庙堂之上；行书如贵胄公子，意气赫奕，光彩射人；大字冠绝古今，鲜有俦匹。④

这段精彩点评还被元末明初的陶宗仪收录在《书史会要》之中。蔡京的手迹，哪怕是"断纸余墨"也必定被人们当成宝物竞相争抢。但是，《宣和书谱》为蔡京

---

① [宋]蔡鞗：《铁围山丛谈》卷一。

② [宋]袁褧：《枫窗小牍》卷上。

③ [宋]佚名：《宣和书谱》卷十二。

④ [宋]佚名：《宣和书谱》卷十二。

作传时满纸谀颂之词，而对那些被列为"元祐党人"的各位书法名家如苏轼、黄庭坚等人则只字不提，明显带有作者的政治倾向与情感好恶。因而，此书的观点姑且听之，不必深究。

尽管如此，蔡京的书法成就依然不容抹杀。徽宗时期，御府珍藏蔡京所书的纨扇就有77把。明代张丑在《清河书画舫》如此评述：

> 宋人书例称"苏、黄、米、蔡"者，谓京也，后世恶其为人，乃斥去之，而进君谟书焉。君谟在苏、黄前，不应列元章后，其为京无疑矣。京笔法姿媚，非君谟可比也。[1]

君谟为蔡襄表字。张丑认为，"苏、黄、米、蔡"中所指的蔡，应当为蔡京，而非蔡襄。如果"蔡"指的是蔡襄，那么按年辈，他应列在苏轼、黄庭坚之前，而不该居米芾之后。由于世人不齿蔡京的为人，故以蔡襄代之。徽宗时期，书法人才辈出，除却蔡京之外，还有如米芾、蔡卞等人，他们都是史上首屈一指的书法大家。然而，杰出的书法家却未必都是合格的政治家。清代《四库全书总目》云：

> 芾、京、卞书法皆工，芾尤善于辨别，均为用其所长。故宣和之政无一可观，而赏鉴则为独绝。[2]

蔡京存世的手迹中，以"元祐党籍碑"最负盛名。提及此碑，不得不重提北宋时代的党争。宋神宗去世以后，年仅10岁的哲宗即位，改年号元祐，朝政实际由反对变法的高太后掌控。元祐元年（公元1086年），司马光全面废除王安石新法，将支持新法的人几乎全部贬谪出京。哲宗亲政后，又将守旧派贬黜。哲宗死后，端王赵佶即位，是为徽宗。

---

① [明]张丑：《清河书画舫》卷七上。
② [清]永瑢：《四库全书总目》卷一百十二《子部》二十二。

《蔡襄自书诗》
北京故宫博物院藏

蔡京行书《王希孟千里江山图跋》
北京故宫博物院藏

徽宗年间，蔡京以推崇新法为名，行排除异己之实。他把自己的政敌与守旧派定为"元祐奸党"，将司马光、苏轼、文彦博、黄庭坚、秦观等309人的名字刻于石碑上以榜示天下，并亲自书写碑文。其时，黑名单上的元祐大臣大多已经凋零。此碑树立于北宋皇城内大庆殿西侧的文德殿门之东壁，碑上宣称：奉圣旨，此309人及其子孙永远不得在京畿地区为官。同时，相同的石碑在全国各县相继树立。蔡京等人意欲将元祐党人一网打尽，使他们及其子孙即使在千年万载之后依旧不得翻身。据说某地一位工匠看到司马光的名字列于碑上，大为不解道："司马温公是人人钦佩的好官，却为何成了奸党？小民不知朝廷刻此碑为何？官爷们让我刻碑，那我只得从命，但是能否不要将刻碑者的名字也一并刻上？小人不想遗臭万年。"

此碑树立后不久，日食、彗星与雷击接踵而至。徽宗视之为上天的降怒，颇觉惶恐不安，便下命销毁全部石碑。随着北宋社会因王安石变法而衰败，金人入侵后又占据了半壁河山，故立碑后的一百多间，碑上人的子孙都以自己的祖先名列其上而洋洋自得。事实上，碑上的人物并非全部为元祐党，因为那群小人在立碑时，将自己仇敌的名字也擅自列入。

至南宋，存世的"元祐党籍碑"已十分罕见，一些人便根据拓片进行重刻。如今存世的两块"元祐党籍碑"均为南宋时重刻。图中拓片原碑出自广西融水，刻于嘉定四年（公元1211年）。

元祐党籍碑拓片
中国国家博物馆藏

四、"宋朝第一奸"的历史功绩

在历史上，除了写得一手好字之外，臭名昭著的蔡京当真一无是处吗？回答这个问题之前，先来看几条史料：

民为邦本，本固则邦宁……而养生送死尚未能无憾，朕甚悯焉。今鳏寡孤独既有居养之法以厚穷民，若疾而无医，则为之置安济坊，贫而不葬，则为之置漏泽园……①

崇宁初，蔡京当国，置居养院、安济坊……三年，又置漏泽园。②

---

① ［宋］佚名：《奉行居养等诏令诏（崇宁四年五月二十九日）》，《宋朝大诏令集》卷一百八十六《政事》三十九。

② ［元］脱脱：《宋史》卷一百七十八《食货志》第一百三十一。

崇宁中有旨，州县置居养院以存老者，安济坊以养病者，漏泽园以葬死者。①

徽宗崇宁年间（公元1102—1106年），蔡京拜相，朝廷设立居养院、安济坊、漏泽园等机构，以求鳏寡孤独者有所养，病者有所医，死者有所葬。此处以安济坊为例。安济坊内配备病房，工作人员针对病人的病情轻重，以及所患疾病是否会传染等情况为他们分配房间，如此在最大程度上杜绝相互感染。坊中还设有厨房，专门为病人提供汤药饮食。为保证医务人员行医的规范化，朝廷在每年年终会进行相关考核，根据考核结果决定赏罚情况。②

新的改革措施产生之初，总会存在或多或少的弊端，这些社会救济措施也是如此。由于贫者免费享用这些资源，以致"日用既广，糜费无艺"③。国家要维持这笔庞大的额外开销，势必要向富人搜刮，如此"贫者乐而富者扰矣"④。此外，社会上一些恬不知耻的"少且壮者"混入居养院，他们"游惰无图，廪食自若"⑤。

尽管如此，这些福利措施对北宋的弱势群体无疑是一个莫大的福音。居养院、安济坊、漏泽园等机构由京城逐渐普及到州县，开展如此大规模的社会救济措施在中古史上，乃至在现代社会中实属罕见。明清时代，每个州县都要根据法令在府城、州城或者县城的内外设置一所养济院。至于市镇，即便其规模很大也没有养济院。但是在宋代，居养院、安济坊不仅设置在县城，而且也设置在较大的中心市镇。⑥北宋末期，这些福利政策正是在蔡京当政阶段予以推行，且"凡是蔡京得到重用的阶段，则福利制度就会得到发展，而凡是蔡京遭到罢免时期，福利制度就

① ［宋］龚明之：《中吴纪闻》卷五。

② ［清］徐松：《宋会要辑稿》之《食货》六〇、六八。

③ ［清］徐松：《宋会要辑稿》之《食货》六八。

④ ［元］脱脱：《宋史》卷一百七十八《食货志》第一百三十一。

⑤ ［清］徐松：《宋会要辑稿》之《食货》六八。

⑥ ［日］夫马进：《中国善会善堂史研究》，商务印书馆，2005年6月，第40—41页。

会受到破坏"①。数十年的社会福利史研究得出：中国古代的社会福利造极于蔡京时代。历史上政治最黑暗的时期与社会福利水平最高的时期竟然交织在一起，这一现象颇值得玩味。

五、被饿死的蔡太师

相传，有位张进士才华出众，深得蔡京青睐。于是，张氏以家庭教师的身份被请入太师府。张氏为人坦率，他对各位蔡氏子孙直抒胸臆道："我看你们啥也别学了，光学逃跑就够了。"小蔡们甚是不解，追问为何。张进士解释说："蔡太师作恶多端，迟早会遭到报应，你们身为蔡氏子孙，自然不能幸免。我看各位的当务之急是先学会逃跑，保命要紧。"这个故事源自何处暂不可考。假如确有其事，那么这位张进士委实有未卜先知之才。

宣和末期，蔡京致仕。钦宗初登大宝后不久，以陈东为首的太学生连续数次上书，矛头直指蔡京等人。他在上书中称：

> 奸臣贼子如四凶者，曰蔡京，曰王黼，曰童贯，曰梁师成，曰李彦，曰朱勔之徒是也……蔡京罪恶最大……陛下新即宝位，遽劳北顾之忧……究其所由：蔡京坏乱于外，梁师成阴贼于内，李彦结怨于西北，朱勔结怨于东南，王黼、童贯又从而结怨于金敌，遂使天下之势危如丝发。臣等窃谓此六贼者，异名而同罪……擒此六贼，肆诸市朝，与众共弃，传首四方，以谢天下。②

陈东认为，本朝的"四凶""六贼"陷国家于危难之中，而在这些奸臣当中，

---

① 张呈忠：《宋代社会福利史研究的整体回顾与理论反思——以"蔡京悖论"为中心的讨论》，《史林》2015年第6期。

② [宋]陈东：《登闻检院上钦宗皇帝书》，《少阳集》卷一《书》。

当数"蔡京罪恶最大"。他说这么多的目的只有一个：砍下这些奸贼的头颅以谢天下！

在古代，意图谋反的官员必定难逃一死，宋朝当然也不例外。除却谋反等大罪以外，朝廷对士大夫最严厉的惩罚往往莫过于将其贬至天涯海角。蔡京被朝廷贬谪数次，最后定为"徙韶、儋二州"。在行至潭州（今湖南长沙）时，他在万念俱灰中死去。

蔡京晚景凄凉，家人星散，其子孙死的死，抓的抓，逃的逃。举家南迁途中，他接到一个旨意：交出慕容氏、邢氏、武氏三位女子。此三人为蔡京最为宠幸的姬妾，她们千娇百媚，早已艳名远播，金人垂涎其美色久矣！故金军南下之后指名来索。临别之际，蔡京仰天长叹，赋诗一首：

> 为爱桃花三树红，年年岁岁惹东风。
> 如今去逐它人手，谁复尊前念老翁？ ①

国破家亡的蔡京北望京师，追思往事，不禁黯然泪下。临死前数日，80岁高龄的他用依然姿媚的笔法写下一首《西江月》：

> 八十衰年初谢，三千里外无家。孤行骨肉各天涯，遥望神京泣下。
> 金殿五曾拜相，玉堂十度宣麻。追思往日谩繁华，到此番成梦话。②

蔡京死后，门人吕川卞凑钱埋葬了他的尸骨，并为其作墓志铭。在墓志铭中，吕川卞质问道："天宝之末，姚、宋何罪？"③他将蔡京与玄宗时期的贤相姚崇、宋璟相提并论，且指出，天宝末年，安禄山打碎了大唐的盛世梦，这一结果不能归咎于姚、宋二人。同样道理，他觉得蔡京任相时，大宋也处于盛世，不能把后来金兵

---

① [宋]王明清：《挥麈后录》卷八。

② [宋]蔡京：《西江月》，[明]郎瑛：《七修类稿》卷二十二《辩证类》。

③ [宋]王明清：《挥麈后录》卷八。

入侵的罪责全部推到蔡京身上。

虽然有极少数人同情蔡京，并为其辩解，但是这些声音早已湮没在一片谩骂声中：

蔡京睥睨社稷，内怀不道，效王莽自立为司空，效曹操自立为魏公，视祖宗神灵为无物，玩陛下不啻若婴儿……自古奸臣未有京之甚。[①]

书传所记老奸巨恶，未有如京比者。[②]

章惇、蔡京为政，欲殄灭元祐善类，正士禁锢者三十年，以致靖康之祸。[③]

京天资凶谲，舞智御人，在人主前，颛狙伺为固位计，始终一说，谓当越拘挛之俗，竭四海九州之力以自奉……[④]

……

蔡京的死讯传出之后，"天下犹以不正典刑为恨"。[⑤]《宣和遗事》中收录了刘屏山的一首诗，该诗为蔡京等人做出了一个完美的人生总结：

空嗟覆鼎误前朝，骨朽人间骂未销。

夜月池台王傅宅，春风杨柳太师桥。[⑥]

此诗注曰："王傅指王黼。太师指蔡京父子也。"世人如此惦记着这位蔡太师，以至于"骨朽人间骂未销"。对于蔡京的批判，从北宋末年至今的近千年里从未停止过。近年，莆田市政府欲斥巨资为这位家乡的名人扩建陵墓，打造成为一处旅游

---

① [宋]方轸：《上徽宗封事》，[明]郑岳：《莆阳文献列传》卷十三《奏议》。

② [宋]徐梦莘：《三朝北盟会编》卷三十九。

③ [宋]洪迈：《容斋随笔》卷十。

④ [元]脱脱：《宋史》卷四百七十二《列传》第二百三十一《奸臣》二。

⑤ [元]脱脱：《宋史》卷四百七十二《列传》第二百三十一《奸臣》二。

⑥ [宋]佚名：《宣和遗事》之《元集》。

景区，一时舆论哗然，后来蔡京墓的重修就变成一种民间行为。

关于蔡京的死因，不少观点认为他是被活活饿死的。据传，途中所有的饮食店一听是蔡太师一行人来买吃的，都不谋而合地拒绝出售。这还远远不够，落魄的蔡太师一路往南，诟骂声无处不在。[①]身陷穷途、饥火烧肠的蔡太师，是否追忆起昔年的蟹黄馒头与鹌鹑舌？当年包子厨缕剩下的烂葱丝，眼下用它来疗饥也是奢求。

---

① [宋]王明清：《挥麈后录》卷八。

踏碎河山篇

（张金贞）

不能吃的桑葚和救命的桑葚

情景一：宣和末年，东京宝箓宫。

一日，宋徽宗赵佶临幸宝箓宫道院，遍历院中各殿烧香后，来至一间小殿。这时，他早已饥肠辘辘，入殿后发现孙卖鱼闭目端坐。孙卖鱼是楚州的一位姓孙的鱼贩子，此人有预测福祸的特异功能。宣和年间（公元1119—1125年），徽宗召他进京，将其安置在宝箓宫道院中。孙氏见徽宗大驾已至，从怀中徐徐地取出一块蒸饼献上说："可以点心。"徽宗颇感诧异，即使已经腹中饥饿，却并不肯伸手去接那块饼。继而，孙氏又道："后来此亦难得食也。"[1]可惜，当年锦衣玉食的徽宗哪里能领会个中深意呢？就在第二年，徽宗被金兵掳走，着实应验了那句"后来此亦难得食也。"

情景二：靖康二年（公元1127年）四月底，燕地。

这一时节的北方，早已是一番百花竞放、鸟声啁啾的景象。昔年的徽宗，如今的太上皇赵佶瘫坐在牛车上，满面尘灰、两鬓苍苍。当年吟风弄月的那颗心，想必几度被遐想的饕餮大餐所占据。"唉！多思无益，眼下要是能喝上一口水就好了。"他喃喃自语道。蓦地，太上皇那双黯然无神的眼睛闪过一道亮光。原来，这条大道两旁赫然挺立着几棵桑树。他定睛细看，惊喜地发现累累硕果缀满了枝头，便令人下车采摘。

不时，一大把红到发紫的桑葚出现在太上皇的手上。然而，他并未即刻埋头大

---

① [宋]庄绰：《鸡肋编》卷下。

啖，而是注视着手中的果子默默垂泪，且自言自语道："当年我还在藩邸当端王时，发现乳母在院子里摘桑葚吃，我也不由地摘了几颗品尝。不料，手中的桑葚却被她一把夺走了，也许身为王爷不该吃这些低贱的果子。而今再见此果时，我已沦落到这般境地。"[①]

徽宗不禁感时伤怀，在道旁的一间山寺留下绝句一首，诗云：

九叶鸿基一旦休，猖狂不听直臣谋。

甘心万里为降虏，故国悲凉玉殿秋。[②]

此时的徽宗，虽已幡然悔悟，却已枉然。堂堂大宋皇帝，怎么会如此落魄呢？此事还得从徽宗政和年间（公元1111—1118年）讲起。

一、靖康之变

（一）约金灭辽

政和元年（公元1111年）冬，辽国大族李良嗣前来归附大宋，并向宋廷献上"约金灭辽"之计。对此，徽宗颇为嘉许，并赐予李良嗣赵姓。宣和二年（公元1120年），金军攻克辽国的上京之后，与宋约定下一步的伐辽计划，即金袭击中京大定府，宋进军燕京（今北京）析津府。宣和四年（公元1122年）三月，徽宗下诏命童贯、蔡京攻辽，结果惨败而归。七月，又派刘延庆袭辽，但是三个月以后，宋军再度铩羽而归。经过这几场战争，宋朝兵微将乏的局面早就一览无余。而相比之下，金军所向披靡，在这一年相继攻下辽国的中京、西京、燕京。因此，金国在

---

① [宋]曹勋：《北狩见闻录》。

② [宋]庄绰：《鸡肋编》卷中。

《清明上河图（局部）》①
北京故宫博物院藏

宋朝面前日渐趾高气扬。

　　宣和五年（公元1123年）六月，原
先投降金国的辽将张觉叛变，向宋朝献上
平州（今属河北）以示归附，宋廷欣然接
纳。不久，金太宗吴乞买遣使谴责宋朝
纳叛。同年十一月，金国派完颜宗望②侵
犯平州。次年三月，金国使臣来宋，索要
号称由李良嗣向该国承诺的20万石粮食，
宋廷断然回绝了这一要求。宣和七年（公

《清明上河图（局部）》
台北故宫博物院藏

---

① 北宋张择端绘，图中描绘的是靖康之变前夕开封城的
　繁华景象。千余年来，因该画声名显赫，故仿摹者甚
　众。据统计，现存《清明上河图》有30多本。
② 本名斡鲁补，又作斡离不，金太祖完颜阿骨打次子，
　宋人称之为"二太子"。

元1125年）二月，辽主耶律延禧被金人擒获于余都谷。辽国已亡，宋朝势必在劫难逃。对金国而言，此前宋的纳叛与拒绝兑现承诺绝对是两大极佳的战争借口。同年十月，以完颜宗翰[①]和完颜宗望为首的金国大军分两路大举入侵宋朝。

（二）弥天大谎——"遁甲法"

徽宗得知金军来犯，惊愕失色，仓惶之中将皇位传给20多岁的皇太子，这位皇太子便是后来的宋钦宗。靖康元年（公元1126年）正月初七，斡离不的军队将京师围得水泄不通，次日就开始进攻开封城的西水、城北、酸枣、卫州、陈桥诸门。

从靖康元年正月初七兵临城下，到靖康元年闰十一月二十五日开封城的彻底沦陷，前后不到一年时间。其间，两国使臣频繁交涉，却屡屡不欢而散。最令人痛心疾首的地方有两处：

最初，金国围城的军队不到6万人，其中大半为契丹、渤海等外族士兵组成的乌合之众，真正的金国精兵其实不过3万人。相较而言，宋朝境内赶来的勤王兵多达20万人。[②]但是，就在如此敌寡我众的情况下，钦宗依然听信主和派的意见，为使金人弭兵，答应割地、赔款，以及以亲王为人质等无理要求。两国约好等割地完毕，将人质肃王放回，但后来金军却食言了。于是，钦宗下诏罢割太原、中山（今河北定州一带）、河间（治所在今河北河间）三镇。如此一来二去，又给了金兵再次进军宋朝的理由。此为其一。

继而，金军先后攻陷太原、真定府（治所在今河北正定）、汾州（今山西汾阳一带）、平阳府（治所在今山西临汾），还破河阳（治所在今河南孟州）、永安（今山西霍县一带）、郑州、西京等地，随后提出与宋"划河为界"。靖康元年闰十一月

---

① 即粘罕，金国国相。

② [宋]汪藻：《靖康要录》卷一。

二十四日，斡离不的军队开始炮轰开封城。据《宋史·钦宗纪》与《宣和遗事》等资料记载，二十五日清晨，城门口出现了诡异的一幕：开封城内的守御兵士大启宣化门，蜂拥而出主动攻击金兵。与黑压压的人群形成鲜明对比的是一名形单影只的士卒，他伫立在满天风雪中，时而挥舞手中的道具，时而口中念念有词。这种行为艺术被其称为"遁甲法"，号称能引余兵遁去。然而，此法并不灵验。未几，宋军一败涂地，作法的士卒见状后逃之夭夭。尔后，金兵一拥而上占领城门，京城就这样拱手让人了。蹊跷的是，在这最后关头，宋军为何没有坚持严防死守而是主动开启城门呢？原来，这位名曰郭京的士卒吹嘘他的遁甲法能不费吹灰之力生擒粘罕、斡离不等人，不少守城者竟对此深信不疑。于是城门洞开，金人就这样轻而易举地攻下了京城。此为其二。

二、冰火之夜，兵祸之魇

（一）魔鬼之师

二十五日，京城雪虐风饕。金兵铁骑所到之处，烧杀抢掠，无所不为，城内一片狼藉，开封城面临着一场浩劫。次日，城中十六门皆为金兵所据。豪门巨室为金人洗劫一空，抢完以后又被付之一炬，火势蔓延，一连殃及数千间。通天火光映着皑皑白雪，分外刺眼。成千上万间房屋的倾覆之声夹杂着百姓们肝肠寸断的恸哭之声，闻之令人不寒而栗、五内俱崩。这还远远不够，仅在二十七日这一天，单是斡离不一人就劫走城中70多位女子。百姓四处逃匿，女人们用灰墨涂脸，为求生路而绞尽脑汁。

开封城陷落以后，自十二月起，金人先后向宋索要河北、河东，以及蒲、解两州等地。同时，金人又索取一切能带走的有用物品，宝马7000余匹，官方与民间兵器，绢1400万匹，丝绵数万斤，此外，书籍、书板、经文、浑天仪、古器、名

宋大晟编钟[2]
开封博物馆藏

画、金银、珍宝、器皿、宗正玉牒、珍贵药物……甚至连上元节灯饰、景灵宫供具、大礼仪仗、大晟乐器、后妃冠服、御马装具、酒、米、大牛车、油车、凉伞等都被悉数收入囊中。除了抢东西以外，一切有用的普通人也在被劫掠的范围之内，内侍、医官、明经、六部人吏、各色工匠、阴阳师，以及奸臣的亲属、家姬，三十六州守城家属都被一一掠走。[1]

家族成员被掳得最彻底的是皇家赵氏。徽宗、钦宗、后妃、皇子、皇孙、亲王、郡王、帝姬、驸马、宗姬、族姬、宗妇、族妇，以及大批随从与使女都劫数难逃。那么，金人是如何成功地将开封城的全部皇室成员揪出来的呢？原来，东京被攻陷以后，宋被迫向金提供了书有全部皇室成员名字的《开封府状》。金人通过《开封府状》所列具的名单，让内侍逐一指认点验。前文提及，他们还抢走了记录皇族谱系的宗正玉牒。金人掌握这两份宝贵的资料后，几乎揪出了京城的全部皇族成员。

（二）漏网之鱼

偌大的北宋皇族，难道真的就这样被金人一网打尽了？

当然没有，其中最重要的一条漏网之鱼便是徽宗的第九子——康王赵构。如果没有他的逃脱，也就没有后来延续一个半世纪的南宋王朝。赵构的侥幸出逃极富戏剧性。金人攻陷东京后，提出要以亲王为人质。赵构胆识过人，主动请缨，至金营后毫无畏色。金人颇觉诧异，怀疑他不是真正的皇子，就让宋廷更换人质。之后，

---

① [宋]确庵、耐庵编，崔文印笺证：《靖康稗史笺证》之二《瓮中人语笺证》，中华书局，2010年8月，第71—87页。

② 大晟是北宋宫廷乐府名，专门在重大庆典活动中典礼司乐。大晟编钟为宋徽宗崇宁年间（公元1102—1106年）所铸，据《续考古图》记载，该钟以睢阳（商丘）出土的春秋时期宋公成钟为式样所铸，计12编，每编28只，总共336件。靖康之变中，大晟乐府的乐器和大量其他文物被洗劫一空。后因"晟"字犯金太宗讳，金世宗将"大晟"刮去，改刻款"大和"，也有些因失散或淹没于地下而保留原款。目前所知"大晟"或"大和"款编钟流传于世的有十余件，分别藏于北京故宫博物院、辽宁省博物馆、开封博物馆，以及日本、加拿大等国。

肃王赵枢便代替了赵构的角色。赵构逃走以后在应天府即位为帝，重建宋朝，是为南宋。金人后悔不迭，于是软硬兼施，派兵四处搜捕。

除却宋高宗赵构之外，还有一位皇子也曾一度逃离金兵的魔爪，这得益于钦宗的李代桃僵之计。据《南征录汇》引《朝幕闲谈》的记载，天会五年（即靖康二年，公元1127年）二月十五日，徽宗第二十五子建安郡王赵模去世。当时有一位名叫李浩的人，因形貌与徽宗第二十三子相国公赵梴十分相似而被误捕。钦宗密谋让赵梴逃脱，于是以李浩取代赵梴。一个大活人如何在金兵的眼皮底下溜走呢？钦宗便让赵梴假扮成死去的赵模，赵梴以死尸的身份被偷运出去。[①]至于这位逃遁的皇子以及北上的李浩后来如何，容我下文再叙。

《宋史·公主传》提及，当时还有一位出生才刚满周岁的恭福帝姬幸免于难，她以薨逝的名义被记录在《开封府状》中。不过，这位走运的恭福帝姬也才活到建炎三年（公元1129年），后被封为隋国公主。[②]

此外，哲宗的废后孟氏因先前被发配到道观，故免遭被俘北上的命运。这位孟氏有着传奇的一生，她对南宋朝廷的建立与巩固功若丘山。

（三）脱袍之争

京城沦陷以后，为保全赵宋宗室，钦宗多次遣使苦求金军首领。十二月初，他亲赴青城寨上降表，自称"臣"，又称金国为"伯"，恳切地表示只要金军退兵，"愿献世藏珍异，一应女乐"。[③]青城寨是粘罕的屯军之所，位于开封城外西南面。正月初十日，钦宗再度亲临此寨，两位主帅拒不接见，只授意萧庆向其索取人与物。钦宗"允以亲王、宰执、宗女各二人，衮冕、车辂及宝器二千具，民女、女乐各五百

---

① [宋]确庵、耐庵编，崔文印笺证：《靖康稗史笺证》之三《开封府状笺证》，第94—95页。

② [元]脱脱：《宋史》卷二四八《公主传》。

③ [宋]确庵、耐庵编，崔文印笺证：《靖康稗史笺证》之四《南征录汇笺证》，第130页。

人入贡，岁币加银绢二百万匹两，以抵河以南地，宗女各一人馈二帅"①。当晚，他被金军安置在青城寨的斋宫内。不堪幽闭之辱的钦宗躺在简陋的土床上隐隐啜泣，屋外则是铁索拦门的景象，还有终宵不息的燃薪击柝之声……此后，他与自己的皇宫不复相见。

靖康二年（公元1127年）二月初六，金人废宋帝为庶人，去其冠服，另立异姓。

此前，宋朝百官举荐张邦昌为帝。这一消息流出后，孙傅、张叔夜等人义愤填膺，他们拒不签字，纷纷给金军统帅上了多道《乞立赵氏状》。当时，甚至连后来妇孺皆知的奸臣秦桧也加入到这一行列中，他在此状中说：

> 自古建国立王……使生灵有所依归，不坠涂炭也……今若册立（张邦昌），恐元帅大兵解严之后，奸雄窃发，祸及无辜……若蒙元帅推天地之心，以生灵为念……②

杭州名小吃"葱包桧"③
作者自摄于西湖畔

① [宋]确庵、耐庵编，崔文印笺证：《靖康稗史笺证》之四《南征录汇笺证》，第133页。

② [金]佚名：《大金吊伐录》卷三。

③ 1142年，秦桧夫妇施计陷害岳飞，故百姓对他们深恶痛绝。相传有一天，杭州一家饮食店的店主捏了两个人形的面块，将其绞在一起，用棒一压，投入油锅里炸，嘴里还念念有词道："'油炸桧'吃。"这就是油条的起源，后来在此基础上演变为杭州风味小吃——葱包桧。

此状言辞凿凿，字里行间透露出赤心为民之情。然而，金人并未被其说服，他们对这份《乞立赵氏状》做出回复，明确表示已经让张邦昌治理国事，如若再提复立赵氏，作违令处置。

在钦宗去冠服的最后关头，发生了感人的一幕。当金人读罢废帝诏书后，粘罕让萧庆剥去钦宗的御服。一旁的李若水迅即上前抱住了钦宗，不让萧庆动手，且骂道："这贼乱做！此是大朝真天子，你杀狗辈不得无礼！"之后可想而知，李若水被金兵打得满脸是血，最后还是被扯到一边。他看到钦宗被强行脱下御服后，即时气绝倒地。[1]李若水拒不支持改立异姓，后又凛然拒绝金人的封官，被金人杀戮。他视死如归，让人为之动容，临死前曾赋诗曰："矫首问天兮，天卒不言。忠臣效死兮，死亦何愆。"

其实，关于宋帝的废立，金国高层内部也有不少争执。二皇子斡离不倾向于以藩国的形式保留宋朝，同时也保留钦宗这一傀儡皇帝，而国相粘罕却决意废黜宋帝，改立异姓。据传两人的分歧与一个女人有关，其中的缘由将在下文继续展开。之后，金军以纵兵入城杀人相要挟，威逼太上皇、后妃、嫔御、诸王、王妃、帝姬、驸马出城。徽宗泣涕横流，只得坐着一乘竹轿出了城。次日，徽、钦二帝会面于斋宫，父子两人相拥而泣。

三、贩卖妻女的皇帝

（一）回到北宋末年，你能卖几个钱？

从徽、钦二帝被俘直至逝世的这段历史，《宋史》《金史》等正史叙之甚简，而在不少野史中，又有不少戏说成分。那么，要如实还原当时的情景，究竟该甄选哪

---

① [宋]徐梦莘:《三朝北盟会编》卷七八。

些有价值的史料呢？在一番比较之后，笔者主要选用稗史。稗史通常篇幅小，时间跨度小，它"和正史、野史的最重要、最突出的区别，还在于书中所记，大抵都是作者自己亲身经历或确闻之事"[1]。更重要的是，这些稗史对于同一事件，往往由亲历战争的双方主体——金人与宋人的视角下分别展开叙述。此外，如果该事件或人物在正史中也有记载，再将其与稗史相结合，适当加以援引。如此，方能在最大程度上确保这段被复原的史实的可靠性。

接下来，我们从京城沦陷以后，城中的女人们所陷入的困境开始谈起。

宋朝的女人对于这群虎狼之师的诱惑力极大，尤其是赵宋皇室的诸位金枝玉叶，在金兵眼中可谓勾魂摄魄。金兵破城之初，就叫嚣着让宋廷将帝姬全部送往他们的营寨中。在众多帝姬之中，茂德帝姬的美貌尤为出众，已然名满天下。关于此女，下文还会继续讲述她的事迹。

破城以后，金军限宋朝于十日内缴纳黄金一百万锭、银五百万锭作为犒军之金。对于数额如此庞大的犒军费用，宋帝无计可施，除了向民间大肆搜括之外，不得不同意将包括自己亲生女儿在内的女眷，悉数卖与金人。卖妻鬻女从来都是贫苦人家的无奈之举，难以想象一国之君竟也被逼到如此绝境。宋帝贩卖女眷一事被载入《青城秘录》与《行营随笔》中：

> 如不敷数，以帝姬、王妃一人准金一千锭，宗姬一人准金五百锭，族姬一人准金二百锭，宗妇一人准银五百锭，族妇一人准银二百锭，贵戚女一人准银一百锭，任听帅府选择。[2]

这一真实无妄的耻辱事件也被记载在官方公文《开封府状》中：

> ……汰除不入寨者……用情统计：

---

[1] [宋]确庵、耐庵编，崔文印笺证：《靖康稗史笺证》，前言第25页。

[2] [宋]确庵、耐庵编，崔文印笺证：《靖康稗史笺证》，前言第12页。

选纳妃嫔八十三人，王妃二十四人，帝姬、公主二十二人，人准金一千锭，得金一十三万四千锭，内帝妃五人倍益。

嫔御九十八人，王妻二十八人，宗姬五十二人，御女七十八人，近支宗姬一百九十五人，人准金五百锭，得金二十二万五千五百锭。

族姬一千二百四十一人，人准金二百锭，得金二十四万八千二百锭。

宫女四百七十九人，采女六百单四人，宗妇二千单九十一人，人准银五百锭，得银一百五十八万七千锭。

族妇二千单七人，歌女一千三百十四人，人准银二百锭，得银六十六万四千二百锭。

贵戚、官民女三千三百十九人，人准银一百锭，得银三十三万一千九百锭。

都准金六十万单七千七百锭，银二百五十八万三千一百锭。①

当然，并非所有女子都能卖个好价钱，前文已言及两大前提，即"任听帅府选择""汰除不入寨者"。换句话说，还有一部分女性可能由于相貌丑陋、身体缺陷、罹患疾病、年龄偏大等客观原因，并未入金兵的法眼，在任凭对方挑选的过程中被淘汰了。

（二）与金太子的辩论赛

对于这样一种买卖，最初有一名女子坚决不从，她愤愤不平地与金国二太子斡离不开展了一场精彩的辩论赛，不过却以败北而告终。

二太子曰："汝是千锭金买来，敢不从？"

妇曰："谁所卖？谁得金？"

曰："汝家太上皇有手敕，皇帝有手约，准犒军金。"

---

① ［宋］确庵、耐庵编，崔文印笺证：《靖康稗史笺证》之三《开封府状笺证》，第122页。

妇曰："谁须犒军？谁令抵准？我身岂能受辱？"

二太子曰："汝家太上宫女数千，取诸民间，尚非抵准。今既失国，汝即民妇，循例入贡，亦是本分。况属抵准，不愈汝家徒取？"

妇语塞气恋……①

斡离不最后反驳道：你家太上皇有宫女数千人，都是取自民间。如今宋朝已亡，那你就成了民妇，应当循例入贡。况且现在是"抵准"，岂不是强过你们宋廷原先白白索取的方式？

自靖康二年（公元1127年）正月二十五日起，开封府络绎不绝地将人、物送往金寨中。上至嫔妃，下至乐户的5000余名女子，皆盛装而往。在选收的3000多名来自民间的处女中，因病汰除千余人。然而，正当人们缓了一口气的时候，主帅又有新手谕：继续在城内搜捕处女以填补空缺。粘罕从这3000名女子中优选数十人，然后，谋克以上的诸将各赐数人，谋克以下的军人每人可得一至二人。②据《靖康纪闻》披露，之前，许多宫女已被放出宫婚配，蔡京、童贯等人家中的歌女也有不少已经从良，但是金兵依旧不依不饶。开封府便差遣公吏四处搜捕，以至"巷陌、店肆搜索甚峻，满市号恸，其声不绝"。

对于金兵这种明目张胆的掠夺行为，徽宗曾有过无谓的抗争，他对两位主帅说："我与若伯叔，各主一国，国家各有兴亡；人各有妻孥，请二帅熟思。"弦外之音是说，风水轮流转，今天是我们大宋亡国，你们金朝也有这么一天，请先给自己的妻儿积点德吧！然而，这些谆谆告诫并不奏效。一百多年后，金国也遭受灭顶之灾，该国的女子当然也无法逃脱被侮辱的命运。

---

① [宋]确庵、耐庵编，崔文印笺证：《靖康稗史笺证》之三《开封府状笺证》，第124页。

② [宋]确庵、耐庵编，崔文印笺证：《靖康稗史笺证》之四《南征录汇笺证》，第139页。

四、北上之路，地狱之路

三月二十七日，徽宗与其宗室成员在斡离不军队的威迫之下，自滑州路北上。启程之前，斡离不宽慰徽宗说："此去放心，必得安乐。"是夜，钦宗"望城奠别，伏地大哭，天地为愁，城震有声"。①

四月一日，天灰蒙蒙的，空中黯淡的云朵漫无目的地游走，钦宗皇帝及其从臣随着粘罕的军队由郑州路北上。自此，金人也全部撤走。金人所立的傀儡皇帝张邦昌率领百官到南薰门的五岳观内，他们望着浩浩荡荡北去的队伍遥辞二帝，"百官军民皆哭，有号绝不能起者"。②山河残破，二帝蒙尘，大队人马远去的身影早已模糊在人们的双眼里。回望被搜绝殆尽的故土，只留下漫天卷地的尘土肆意飞舞。此后，这些人基本上再也没有重归故土。

北上途中，徽宗之弟燕王俣被活活饿死。用马槽入殓后，徽宗看着弟弟的双脚还裸露在外，嚎啕大哭。燕王之妻在其他队伍中，乞求与亡夫诀别，却被金军拒绝。金军强令尸体即刻火化，装入囊中带走。一路上，大批人畜累死、饿死、病死。人们将死去的牲口切成小块，带着路上充饥。扎营时，金军以长木作屏障，屏障外派兵把守，内外可相互窥视。安顿好后，大伙便开始凿井、打柴、做饭，他们通常以羊肉、粟米、大米充饥。每日，金军还用肉、菜、米、面与宋人交换妇女。

北上之路，异常艰辛，养尊处优的皇室竟也能亲见高山、沙漠、大海，遍历北国的蛮荒之境，实属不易。自燕山（今北京、天津一带）登程以后，队伍日行150里，连金军将领也疲于奔命，更何况是来自深宫的诸位妃姬。出长城后，至迁

---

① [宋]确庵、耐庵编，崔文印笺证：《靖康稗史笺证》之四《南征录汇笺证》，第169、170、172页。《呻吟语》认为徽宗于二十九日启程。

② [宋]李心传：《建炎以来系年要录》卷三。

州界，眼下是沙漠万里、路绝人烟之境。渡兔儿涡、梁鱼涡这两日，犹如在水中行走。即使身处由骆驼和马匹背负的兜子内，众位妃姬也湿透重裳。《青宫译语》用"地狱之苦，无加于此"八字形容过渡之不易。这两处位于辽河附近，时常发生溺亡事件，过渡者往往九死一生。从三月底四月初出发，到五月二十三日抵上京（今黑龙江省哈尔滨市阿城区），前后不足两个月的时间，其前进速度竟超过行军。宣和七年（公元1125年）金军伐宋时，从分别属于辽东的平州和燕地的云州出发至开封，也用了两个多月时间。

据《燕人麈》载，靖康之变时，劫掠宋朝男女不下20万。有手艺者能凭着自己的一技之长自谋生计，而富贵豪门子弟沦为奴隶之后，执炊、牧马等低贱的活计，皆非所长，故而时常遭到鞭挞。不到五年时间，被掳者已十不存一。至于妇女，分入大户者为金人生儿育女；分给谋克以下者，则十人九娼。有时候一名普通铁匠买来的倡妇，通常曾是亲王女孙、相国侄妇、进士夫人等尊贵身份。

五、"揉碎桃花红满地"

在时过境迁的千年以后，前文所提及的那些被贩卖的皇室女子，其命运走势依然牵动着我们的神经。被卖以后，她们到底经历了怎样的劫难？

（一）茂德帝姬与钦宗废立的内幕

先从前文提及的茂德帝姬开始讲起。茂德帝姬名唤赵福金，因此也称福金帝姬。靖康二年（公元1127年），茂德帝姬年仅22岁，当时她已经下嫁给宣和殿待制蔡鞗。开封城破以后，金人胁迫钦宗交出蔡京、童贯、王黼等29人的亲属。因蔡京误国，蔡氏一门已被钦宗流放至岭外，唯独蔡鞗因尚茂德帝姬而免于放逐。靖康元年闰十一月三十日，驸马都尉蔡鞗却被押往金营。

先前，宋使邓珪屡次在金人面前夸耀宋朝嫔妃、帝姬的美貌。当时，金朝二皇子斡离不已经得到蔡京家的奴婢李氏，她原本是茂德帝姬的陪嫁丫鬟。斡离不多次向李氏打探茂德帝姬的姿色，于是就有了和亲的想法。不久，宋遣使前往金人寨中请求缩减赔款金额，正中金人下怀。斡离不说："从我和亲，再容议减。"①斡离不和亲的提议得到钦宗的首肯。未几，宋使邓珪奉金人的旨意来开封府传话，特别交代：福金帝姬需查清底细，不得隐匿。②正月二十八日，福金帝姬与蔡京、王黼、童贯家的20多名歌妓一起，分别被开封府馈赠给金军的两位主帅。最初，福金被开封府的官员诳骗，并不知晓自己已然如临深渊。直到见到二皇子斡离不以后，她吓得"战栗无人色"。斡离不命李氏对其加以劝慰，并将她灌醉……③

靖康二年四月，福金帝姬等人在斡离不等人的押解下自刘家寺五起北行。刘家寺寨为斡离不军队驻扎之处，位于开封城外东北。同一年，斡离不死去，福金帝姬又被兀室④所占。"福金（天会）六年八月殁于兀室寨。"⑤这是她在历史上留下的最后一丝痕迹，至于她在金寨如何被折磨致死，死后魂归何处，历史并未给出答案。

福金帝姬还与钦宗的废立有着一定联系。靖康二年（公元1127年）二月初五，金军原本打算将幽禁的钦宗放还，但是邓珪不慎将皇子斡离不私纳福金帝姬一事透露给国相粘罕。粘罕得知后大怒，认为皇子有私心，故拒绝与宋议和，同时下令禁止将钦宗放回。当天，钦宗在二帅组织的打球会上恳请回宫，遭到粘罕的呵斥，他吓得面如土色，不敢再言。此时，金主关于废立宋帝的诏书业已下达：明诏表示允许废立，密诏中透露"自许便宜行事"。

斡离不送钦宗回斋宫，双方私下谈及废立之事。钦宗的扈从官员跪求斡离不，

---

① [宋]确庵、耐庵编，崔文印笺证：《靖康稗史笺证》之四《南征录汇笺证》，第131—132页。

② [宋]确庵、耐庵编，崔文印笺证：《靖康稗史笺证》之三《开封府状笺证》，第90页。

③ [宋]确庵、耐庵编，崔文印笺证：《靖康稗史笺证》之四《南征录汇笺证》，第131、132、139页。

④ 即完颜希尹。

⑤ [宋]确庵、耐庵编，崔文印笺证：《靖康稗史笺证》之三《开封府状笺证》，第98页。天会六年即1128年。

乞求道："倘蒙再造，俟国相回军后，无论何人何物，惟皇子命。"于是，斡离不又指明索要帝姬三人，王妃、御嫔七人。之后，精虫上脑的斡离不到粘罕寨中，向其表明要保留钦宗的帝位，立宋国为藩国，并抬出皇子与伐宋主谋的身份压制粘罕。但是，粘罕也不甘示弱，他指责皇子对宋朝有私心，并警告对方，如果此时放弃，必将后患无穷。由于复立赵氏的呼声极高，金人忌惮万分，最后还是达成一致意见：废黜钦宗，并挟以北去。①

（二）富金帝姬改嫁

二月十八日，斡离不自鸣得意地在寨中宴请国相、诸将士及徽宗、郑后、钦宗、朱后等人，美其名曰"太平合欢宴"。有一名叫斜保的军人提议，请皇子斡离不安排宋朝的妃子、姬妾20人，歌姬32人陪酒。钦宗、朱后避席，粘罕拒绝放行。散席以后，斡离不对徽宗说："设也马②相中了富金帝姬，请让他如愿。"徽宗严词拒绝道："富金已有家，中国重廉耻，不二夫，不似贵国无忌。"当时，富金帝姬已经下嫁田丕为妻。一旁的粘罕听后大为不快，抬出金主的分俘圣旨。徽宗亦怒，继续辩驳，被粘罕呵斥而出。徽宗的郑后在一旁打圆场，她向粘罕跪地请求道："妾家不与朝政，求放还。"粘罕点头，让她领着富金帝姬离去。③然而，后来到了上京以后，富金帝姬仍被金主赐给设也马为妾。不久，富金帝姬晋升为金国王妃。④

（三）性命与节操，你选哪一个？

靖康二年二月初六这一晚，粘罕在军中宴请诸将，令各位宫嫔换上露台歌女的衣装，坐在众将士之间陪饮。其中郑、徐、吕三位女子抗命，被金军斩杀。进入

---

① [宋]确庵、耐庵编，崔文印笺证：《靖康稗史笺证》之四《南征录汇笺证》，第140页。

② 又作"设野马"，粘罕长子，即真珠大王。

③ [宋]确庵、耐庵编，崔文印笺证：《靖康稗史笺证》之四《南征录汇笺证》，第154—156页。

④ [宋]确庵、耐庵编，崔文印笺证：《靖康稗史笺证》之三《开封府状笺证》，第99页。

内室以后，有一名女子用箭镞穿喉而死。烈女张氏、陆氏、曹氏因抗拒斡离不的凌辱，被刺入铁杆陈列于帐前，流血三日不止。次日，王妃、帝姬入寨，斡离不指着帐前鲜血淋漓的尸体，让众人引以为戒。她们吓得面如土色，纷纷跪地乞命。之后，斡离不命福金帝姬安抚各位，并让她们施膏沐浴，身着后宫舞衣入帐侍宴。①

二月十四日，关押女眷的青城木寨落成。帅府有令，命已从金国将士的妇女改换成金朝的装扮。原先有孕者，强令医官为其堕胎。此时，寨内美女如云，珍宝堆积如山："二帅左右姬侍各数百，皆曼秀光丽，紫帻金束带为饰。他将亦不下数十人，壁中珍宝山积。"②

在北上之前，徽宗第十八子信王赵榛的王妃自尽于青城寨，各寨中的女子因不堪羞辱而相继凋零。帅府继续进城纵兵大索金银与皇室宗属。③被押解北上的女子不擅长骑马，纷纷坠马，原先已有身孕的女子因此而落胎，如康王之妻邢妃，郓王之妻朱妃，以及富金、嬛嬛两位帝姬。刚流产不到两日的朱妃，在小解时还遭到国禄的逼迫。随后，国禄又企图登上钦宗之妻朱后的马车。宝山大王斜保察觉之后，用皮鞭给了他一顿狠抽。④这位朱后不堪凌辱，后来自尽于上京。在北上途中，徽宗的才人曹小佛奴被金朝的阿林葛思美盗走，移居其寨中。⑤

被掳走的女子，或殁于道，殁于水，殁于寨，殁于洗衣院⑥，或自戕而亡，或被蹂躏致死，或卖身为娼，或在关押之处忍辱负重、苟且偷生，或逆来顺受荣升为金国的王妃、夫人，不一而足。性命与节操，她们只能择其一。

① ［宋］确庵、耐庵编，崔文印笺证：《靖康稗史笺证》之四《南征录汇笺证》，第146页。

② ［宋］李心传：《建炎以来系年要录》卷二。

③ ［宋］确庵、耐庵编，崔文印笺证：《靖康稗史笺证》之四《南征录汇笺证》，第156页。

④ ［宋］确庵、耐庵编，崔文印笺证：《靖康稗史笺证》之五《青宫译语（节本）笺证》，第177页。

⑤ ［宋］确庵、耐庵编，崔文印笺证：《靖康稗史笺证》之六《呻吟语》，第194页。

⑥ 又称浣衣院，供金国贵族男子淫乐之处，也作为惩罚宫女劳动的地方。

（四）真假柔福

有人说，真正的悲剧，是把美好的东西撕碎给人看。靖康二年（公元1127年），柔福帝姬十七岁。在最曼妙的年华里，她对爱情、对婚姻的美好期待，遽然被命运之神撕得粉碎，一切成为可望而不可即的梦幻泡影。柔福帝姬又称多富、嬛嬛，金人入寇前，她是娇宠万分、待字闺中的金枝玉叶；金人的铁蹄之下，她瞬间成为任人践踏的草芥。北上之前，她曾被囚禁在真珠大王寨；北上途中，遭受落胎之苦，还屡屡遭到金兵调戏；抵上京后，先被献与金太宗完颜晟，后又被扔进洗衣院。她还入过盖天大王完颜宗贤寨，最后嫁给一位叫徐还的男子。据《建炎以来朝野杂记》披露，这位男子是内医官徐中立之子。

高宗建炎年间（公元1127—1130年），韩世清攻破刘忠时，夺得一名自称是柔福帝姬的女子。他心存疑虑，请求知州等官员帮忙鉴别。这位女子熟稔于昔年宫中旧事，还能详述被掳走及逃脱的经过。她声称逃归南宋后，曾遭到刘忠无礼，后被刘忠嫁与他人。[1]韩世清等人信以为真，将她送至行在杭州。先前见过柔福帝姬的人都说，此人的模样与柔福十分相似，连作为哥哥的高宗也难以发现疑点。内侍冯益等验视后，也证明此人所言属实。唯一值得怀疑的是，柔福的双足纤细，而该女子的脚又长又大。当人提出质疑时，此女皱着眉头说道："先前，金人让我在北国放羊，后来我又千里迢迢逃奔回到故土，双脚早已不复当初。"[2]高宗听后恻然不已，告诉自己一定要加倍地优待父亲留下的唯一一位公主。于是，该女子一时宠渥莫比，被高宗封为福国长公主，嫁与永州防御使高世荣。

绍兴十二年（公元1142年），靖康之变时被金人抓走的高宗生母韦氏回宋。她宣称：柔福帝姬嫁与徐还，于去年夏薨于五国城（即今黑龙江省依兰县），其骨骸已被带回故国归葬。[3]随后，那位被封为福国长公主的柔福帝姬被打入大理寺监狱

---

① [宋]徐梦莘：《三朝北盟会编》卷一百三十四。

② [宋]罗大经：《鹤林玉露》卷十一。

③ [元]脱脱：《宋史》卷二百四十九《列传》第八。

严刑拷打，不久她便交代出冒名顶替的全部过程，并供出自己的身份——东都乾明寺尼李静善。最终，此女被诛杀于东市。

从建炎四年（公元1130年）到绍兴十二年，此人享受了十余年的荣华富贵。高宗曾赐予其四十七万九千余缗嫁妆，这绝对是一个惊人的数字。据《建炎以来朝野杂记》载，南宋宗女中，出身高贵的皇家元孙女，其食具也才五百千钱。[1]

建炎年间，高宗下诏鼓励自北方逃归的皇族来附，州县官员验明其身份以后禀奏朝廷，可获得升官发财的机会。因此，民间有不少人冒充自金国逃归的皇族，他们或为荣华富贵，或为借赵氏皇族的号召力抗金。徽宗第十八子赵榛，第十四子徐王赵棣，荣德帝姬等也都曾被冒名顶替过。[2]在几起假冒皇族的案件中，以柔福帝姬一案最为扑朔迷离。

（五）韦氏的痛楚与阴谋

当时，也有不少人为柔福帝姬喊冤叫屈，他们认为被南宋朝廷残害的那位柔福是真公主。持这一说法的是一些宋代文人笔记，如叶绍翁的《四朝闻见录》等。最初，笔者以为这种说法是宋代一些文人编造出来混淆视听的谣言，直至深究了韦氏的年龄之谜，才觉察到这一观点并非空穴来风。

在《开封府状》中，明确记录了靖康二年（公元1127年）韦氏的年龄为38岁。[3]而根据其他官方记载如《宋史·高宗纪》《宋史·后妃传下》《建炎以来系年要录》卷一八三、《宋会要辑稿·后妃》等史料可推算，当时韦氏的年龄为48岁。为何会存在10岁的年龄误差？这两种说法究竟孰对孰错呢？

如果按正史所记，当年韦氏为48岁，那么她长了徽宗两岁。从韦氏的升迁经历来看，她在宫中是众多受冷落的佳丽之一，由此可以推测她姿色平平，且并不擅

---

[1] [宋]李心传：《建炎以来朝野杂记（甲集）》卷一。古代通常以一千文为一缗。

[2] [宋]李心传：《建炎以来朝野杂记（甲集）》卷一。

[3] [宋]确庵、耐庵编，崔文印笺证：《靖康稗史笺证》之三《开封府状笺证》，第105页。

于邀宠。更重要的是，韦氏并非是名门之后。如此，徽宗为何纳一个比自己大两岁，且出身与相貌都相当普通的宫人呢？此为疑点一。

宋时，官方规定宫女的入宫年龄不得超过13岁，而由正史的年龄推断，韦氏进宫时至少已经18岁。这一现象显然有悖常理，此为疑点二。

再回到前文提及的《开封府状》，此状中所录嫔妃年龄既有宗正玉牒可供查证，也有熟知内情的内侍可供指认，出错的可能性极小。况且，女性被俘虏以后，为避免被敌方糟蹋，往往将自己的年龄往大了说，以老言轻则断无可能，此为疑点三。

鉴于疑窦重重，何忠礼先生在《环绕宋高宗生母韦氏年龄的若干问题》一文中指出："《开封府状》所载韦氏年龄，虽系孤证，却也不能轻易予以否定。"南宋官方，或者更确切地说，宋高宗为何要将自己母亲的年龄改大10岁呢？要解释这一原因，还得从靖康二年开始说起。

靖康二年二月二十二日，金人将韦氏与邢妃等人由斋宫移禁至寿圣院。四月初一，韦氏、邢妃、朱妃、富金、柔福等人在真珠大王、盖天大王等人押解之下北行。抵上京后，韦氏、柔福一干人等于五月二十三日被投入洗衣院。天会八年（公元1130年）六月初三，诏命韦氏、邢氏等19人从良。天会十三年（公元1135年），柔福入盖天大王寨。也是在这一年，声称去了五国城的韦氏在史籍中几乎渺无踪迹，如人间蒸发一般。绍兴十二年（公元1142年），韦氏在盖天大王的陪同下归国。从天会十三年至绍兴十二年这7年时间里，韦氏到底经历了什么呢？

据《南烬纪闻》的记载，韦氏后来嫁给盖天大王为妻，并且曾为他生育子嗣。这一说法在南宋前期的不少野史杂说中有过记载，但自南宋以降，许多人都对这种说法持怀疑态度，此类记载便被史书删除。因为人们不相信当时已年近半百的老妪，还具有生儿育女的生理能力。

行文至此，韦氏的年龄为何会有10岁的误差已经不难解释了。再回过来探讨"真假柔福"一案，似乎也有了新的认识。叶绍翁的《四朝闻见录》认为，高宗生母韦氏之所以一口咬定那位女子为假公主，那是因为韦氏深恐对方将自己在北国的

宋高宗赵构像
台北故宫博物院藏

不堪遭遇泄露出去，有损皇家颜面。而高宗不忍违抗母命，只好将柔福杀害。这位饱经沧桑的老妇人，真的会如此狠毒吗？笔者认为，这种说法具有一定的可信度。

韦氏归国的前一晚，高宗希望跟阔别已久的母亲彻夜长谈，但是被母亲撵走了。高宗走后，韦氏"复坐，凝然不语，虽解衣登榻，交足而坐，三四鼓而后就枕"。[1]韦氏脱离魔掌之后，理应安然入眠，那么她还在忧虑什么呢？这一记载值得深思。归国途中以及归国之后，她又表现出种种向金人献媚的行为。可以说，南宋初期高宗奉行对金国的屈辱投降政策与韦氏不无关系。

绍兴十三年（公元1143年），金国曾表露出愿将钦宗等皇室成员放归的意向，但并未得到南宋王朝的响应。这对母子在顾忌什么呢？除了害怕钦宗的归来影响帝位之外，还有很大的一个原因：他们担心这群人归来之后，如今尊贵的太后昔年在北国的隐私将暴露无遗。想必这也是高宗大禁民间私史的重要缘由之一。此外，据何忠礼先生揭秘，宋廷将不少知情人士贬黜出京，杀害抗金名将岳飞，恐怕都与这一秘密有着直接或间接的关系。

南宋朝廷如此大费周章地掩盖太后的秘密，再多杀一个柔福帝姬，又何足挂齿呢？再者，死在北国的公主、皇子如此众多，除了徽宗与郑后的灵柩之外，韦氏带

---

① [宋]李心传：《建炎以来系年要录》卷一四六。

回的唯一一副骸骨为何恰巧是柔福而非其他人？

柔福与韦氏一同被押解北上，后来又都被投入洗衣院，更巧的是两人还曾共事一夫。可以说，自被掳的那刻起，柔福是知道太后隐私最多的那个人。

有人说，北宋末年，皇室女眷遭受如此奇耻大辱，那是一种因果报应。相传，当年宋太宗灭南唐时，曾对李后主的小周后有过兽行，还命画师绘制了一幅《熙陵幸小周后图》，后世据此认为，北宋皇室女性受辱是对其恶行的惩罚之一。后来，南宋联合蒙古人灭金时，他们如法炮制，也对金国妇女进行性报复，还把南宋军人强暴金朝皇后的画面描绘下来，题为《尝后图》。这些是否为报应不得而知，不过成王败寇，血性男儿可以饮剑一了生死，而女子若不殉情，她们所面临的境地自己最清楚不过。试问，在人类历史上千千万万场战争中，战败方的女子有几人能幸免于难呢？昔年，项羽曾在乌江边对虞姬发出如此喟叹："虞兮虞兮奈若何？"此中深意，想必虞姬早已领悟，随后自戕而亡，成就了"霸王别姬"的凄美佳话。

六、安度余生还是煎熬而死？

据《大宋宣和遗事》记载，徽、钦二帝北狩后过着生不如死的日子。他们被囚禁在一间窄室内，这间牢笼"惟有小台，可坐二人而已，四壁皆土墙，庭前设木栅，护卫之人缄封而去"[①]。可见，此间土屋类似于枯井那般狭窄，四面无窗，他们身处其间，过着"坐井观天"的生活。每天夕阳西下之时，二帝方能"得食一盂，二人分食之"。后来，徽宗罹患恶疾，停止进食已有十来天，不久便疮疾满腹，死于土坑中。当地无埋瘗之地，人死后以火焚尸，烧到一半时用棍棒击打尸体灭火，再将焦烂的死尸投入贮水的石坑内，由是此水可作灯油。钦宗目睹父亲的尸首受到如此

---

① [宋]佚名：《宣和遗事》之《贞集》。

摧残，捶胸顿足、呼天抢地，几欲投入坑内随父而去。幸而，一旁的阿计替及时拦住了他，力劝道："古来有生人投死于中，不可作油，此水顿清。"[①]

不过，也有一些截然不同的观点认为：虽然徽、钦二帝沦为亡国之君，但是他们在北国被封公侯，过着衣食无忧的生活，还在那里生儿育女。尤其是钦宗，他在被俘近30年后才死去。如果他终日饱受折磨，为何还能活到近60岁呢？这一质疑似乎也有一定道理。两位亡国之君究竟过着什么样的生活呢？

在揭开这个谜底之前，先来交代一下前文所提及那位被李代桃僵的赵梴的结局。据《宋俘记》载："梴娶陈氏，六年五月生子成功。八年五月生子成式。敕以模聘妻孔氏配梴。"[②]所以很遗憾，他的出逃以失败告终。由这条记载可知，赵梴北上后相继娶了两位夫人，并先后生育两个儿子。此处的梴并非指李浩，应当就是赵梴本人。为何如此肯定呢？因为在"赵梴"这条记载之前，出现了李浩的名字。

关于李浩，《宋俘记》中也有一条关于其婚配与生子情况的记载。显然，作者已经明确赵梴与李浩是两个不同的人。一直假借相国公赵梴身份的李浩，娶到亡国的契丹公主耶律氏为妻。那一年，他17岁。在五国城，公主为他生下一个女儿。金天会八年（公元1130年），李浩又奉命娶了赵梴未过门的妻子韩氏。五年以后，韩氏为其诞下一子名李成茂。

其实，在抵达上京之前，金人就已经发现相国公与建安郡王并非本人，但是之后他们将错就错。原先是相国公身份的赵梴，后来就一直借用死去的建安郡王——赵模的身份，还娶了赵模的聘妻孔氏。在金朝皇帝恩准下，李浩与赵梴两家又南迁至燕山的愍忠祠居住，可能直至去世。[③]

可想而知，既然沦为亡国奴的皇子都能在北国三妻四妾，娶妻、生子两不误，那么昔日的皇帝，显然不至于过着食不果腹、衣不蔽体的生活。不过，这一推测有

① ［宋］佚名：《宣和遗事》之《贞集》。

② ［宋］确庵、耐庵编，崔文印笺证：《靖康稗史笺证》之七《宋俘记》，第274页。

③ ［宋］确庵、耐庵编，崔文印笺证：《靖康稗史笺证》之五《青宫译语（节本）笺证》，第189、190页。

待于史料的进一步验证。

　　靖康二年（公元1127年）至燕山后，新王婕妤、小王婕妤、周才人、狄才人、邵才人都被赐还给徽宗，后四人均随他前往五国城，且都有生儿育女的记录。朱慎德妃及郑、狄两位才人在燕山与钦宗重逢，后来他们到了五国城，并留下子嗣。①至于她们诞下的子女是否为徽、钦二帝所有，暂不可考。但可以肯定的是，他们在五国城过着相对平静的生活，这在蔡鞗所著的《北狩行录》中可见一斑。

　　《北狩行录》提及，北宋皇室在五国城的行宫曾遭受火灾，有人向徽宗请示希

---

① [宋]确庵、耐庵编，崔文印笺证：《靖康稗史笺证》之三《开封府状笺证》，第111、113页。

宋徽宗《瑞鹤图》
辽宁省博物馆藏

望"聚夫修盖"，但被其以"正是农时"的理由拒绝。后来，徽宗将这一任务派给了修盖官。由此可知，徽宗既非过着"坐井观天"的日子，也非饱食终日，而是带领随行官员，用自己的双手躬耕于北国大地，自给自足，自力更生。可以推测，他们自己种植粮食与蔬菜，可能还在大东北放牧，因为据《北狩行录》透露，他们偶尔可以吃到羊肉，厨房还配备厨师。

然而，北国的生活并非如表面那般风平浪静，"同是天涯沦落人"的他们还发生内耗。驸马都尉刘文彦与皇子沂王同谋指认徽宗谋反，案发后，徽宗派遣"居东

山躬耕"的蔡鞗渡河打探虚实。"鞗归,太上即令
奉亲属及一行臣僚合议。"①可见,当时徽宗虽然过
着软禁的生活,但是手头仍有一批可以随时差遣的
人员,也能随时将扈从的臣僚聚集在一起议事。

　　不久,谋反一案虽经金人彻查后证实确系诬告,
但业已日暮途穷的徽宗还尝到众叛亲离的滋味,又
徒增英雄末路之感。被俘八年后(公元1135年),徽
宗在五国城郁郁而终。钦宗后来被迁往上京及燕京
(今北京)安置,最终于1156年死于燕京。

《赵佶听琴图轴》②

---

① [宋]蔡鞗:《北狩行录》。

② 此幅描绘宋代贵族雅集听琴的场景,图中的抚琴者为徽宗赵佶。画
面上方有宰相蔡京手书七言绝句一首,右上有宋徽宗赵佶瘦金书题
"听琴图"三字。由于该作品有徽宗题名与画押,故一度被认为是赵
佶所画。后经学者考证,此图为宣和画院画家描绘徽宗宫中行乐的
作品。

兵戈扰攘篇

（丁杰）

第一章

关乎政权兴衰的调味品

一、行军锅里的布条

"兵马未动，粮草先行。"在军队后勤保障中，粮草供应至关重要。即使再精锐的军队，若缺乏粮草也会毫无斗志，不战自溃。宋时，对外战争不断，为保证军队在调发时能够及时得到给养，"惟作糗粮之备，入蕃浃旬，军粮自赍"。[1]糗粮，即干粮。每次出征，士兵们会随身携带可供一旬食用的军粮，以避免因粮草不济造成战斗力削减。同时，宋军对每名士兵和每匹战马的口粮供应数量做了具体规定：每名士兵能获得二斗麦，盛放在囊中随身携带；战马每匹能获得二斗生谷，每日喂养以二升为限。确保一旬之内，士兵和战马都不会挨饿。[2]

除了食物，调味品也必不可少，最重要的调味品就是食盐，宋军携带盐的方法是将它煮成盐巴。取盐三升，和水一起放入锅中，用火烧之，即可浓缩成盐巴，这种盐巴可供一名士兵食用50日，而且便于携带。[3]

同样是重要的调料——醋，携带起来就没那么方便。因为是液体，就需用容器盛载，可这对需要在野外行军作战的军队来说是个累赘。此处我们不得不佩服古人的智慧。据史料记载：粗布一尺，以一升酽醋浸，曝干，以醋尽为度。[4]对，你没看错，是布！古人用布在醋里反复浸泡，然后将其晒干，这样就能得到"醋布"。前线将士随身携带醋布，烹饪时，剪下一块与主食同煮，就能吃到带有醋味的食物。让我好奇的是，既然士兵们都携带着"醋布"，那军营里是不是时常弥漫着一股酸味……

---

① [宋]李焘：《续资治通鉴长编》卷二十七。

② [宋]李焘：《续资治通鉴长编》卷二十七。

③ [明]范景文：《战守全书》卷一《战部·赍粮》。

④ [宋]曾公亮：《武经总要（前集）》卷五《赍粮》。

让我们回到本章的主题——食盐。说起食盐，大家肯定都不陌生，盐是人类的必需品。"十口之家，十人食盐，百口之家，百人食盐"，[①]任凭你是王侯将相，还是平民百姓，都缺少不了它。由于市场需求巨大，利润可观，盐利收入在各个朝代的财政收入中都占有极其重要的地位。

因此，历代统治者对盐业掌控甚严。早在春秋时期，齐国名相管仲为达到富国强兵的目的，就鼓励百姓煮盐，由国家进行征购，创食盐专卖之始。西汉武帝时期，朝廷推行盐铁专卖，由官府直接组织盐业的生产、运输和销售，中央任命盐铁官专领盐铁事，强化对盐业的垄断。至宋代，朝廷围绕盐法的变革不断，其方式无非是官卖与受朝廷严格控制的商卖之间的转变，最终目的就是从中获取最大限度的盐利。

据史料记载：

景祐中，天下岁收商税钱四百五十余万缗，酒课四百二十八万余缗，盐课三百五十五万余缗，和买绢二百万匹。庆历中，商税钱一千九百七十五万余缗，酒课一千七百一十余万缗，盐课七百一十五万余缗，和买绢三百万匹。[②]

到了北宋末期，盐利收入甚至达到一两千万贯，占总收入的三分之一甚至更多，盐利收入对北宋财政的重要性不言而喻。

由于宋朝对外战事频发，军费开支也随之水涨船高，榷盐制度逐渐被盐钞制度所代替。所谓盐钞制，就是盐商向政府纳现钱购买"盐钞"，然后凭盐钞前往盐产地换取食盐，再进行自由贩卖的制度。将盐折现成钱需要一个过程，但随着宋夏战争的深入，宋廷财力不支。于是朝廷只得依靠商人，通过用盐钞换取商人们的现钱以充实军费。

---

① [先秦]管仲：《管子·海王》卷第二十二。

② [宋]李心传：《建炎以来朝野杂记（甲集）》卷十四。

二、养兵利百代

后周王朝重臣赵匡胤在陈桥驿"黄袍加身"之后取代了他的老东家，建立了北宋政权。为避免重蹈藩镇割据，武将犯上作乱的覆辙，他用"杯酒释兵权"的手法削夺大批开国武将的兵权，但同时保留其官衔，赐以厚禄和特权。意思就是让这帮人啥事也不用干，好好在家享受声色犬马的生活，国家会养着他们。于是北宋出现了一大批有衔无职的安乐官，不过这点倒是比后世的朱元璋时代好不少，虽然实权没了，但万幸的是命还在，且日子过得逍遥自在，生活质量并没有下降。

在巩固皇权的同时，就必须削弱各级官员的权力，为避免直接削夺所引起的震荡，朝廷就采取增设官僚机构，通过官官相制以实现权力制衡。这样就势必要增加官员的数量，向往政坛的士子们的福音到来了。在宋太祖时期，取士的标准相对较严格，人数也较少。据《文献通考》所载："太祖建隆元年进士十九人……二年进士十一人……三年进士十五人……"①但自宋太宗赵光义继位以来，取士人数开始激增，"太平兴国二年进士一百九人……三年进士七十四人……五年进士一百二十一人……"②每次取士之数几倍或者十几倍于太祖朝，在哲宗朝甚至出现连续几次科举均取士五百人以上的情况。文人的美好时代正式来临！但在一定程度上，"冗员"的问题也随之产生。

由于机构臃肿重叠，官吏过于繁多，致使职责不明，官员间相互牵制，相互推诿，公务长期积压。真宗时期，这方面问题已十分严峻："三司官吏积习依违，文牒有经五七岁不决者。"③官员们长期出工不出力，有的文书甚至拖延5到7年都还

① [元]马端临：《文献通考》卷三十二，《选举考》五。
② [元]马端临：《文献通考》卷三十二，《选举考》五。
③ [元]脱脱：《宋史》卷二百八十四《列传》第四十三。

没有决断。但无论如何，集权的目的已达到，虽然行政效率低下，但跟皇位的稳固比起来，这都不是事儿。

唐末藩镇割据、军阀混战连连，使曾经繁华的大唐国都长安遭受毁灭性破坏，"宫阙萧条，鞠为茂草矣"。①同样繁华的唐东都洛阳，也饱受战火的摧残，虽在五代时期有所修复，但早已不复往日荣光。

而与长安、洛阳不同的是，当时的开封经过后梁、后晋、后汉、后周四个王朝的经营，已经是"华夷辐辏，水陆会通，时向隆平，日增繁盛"②，其繁华程度不逊于鼎盛时期的洛阳和长安。再者，开封交通便利，物资能够通过水路、陆路顺利运达，是"万庾千箱之地"，"四通八达之郊"，已具备作为国都的物质基础。

然而美中不足的是，燕云十六州（大体相当于今北京、天津北部，以及河北与山西北部等广大地区）的控制权并不在北宋手里。燕云十六州是中原军队抵抗北方游牧民族骑兵的天然屏障，失去它意味着北部边防无险可守，门户洞开，游牧民族的铁骑可以肆无忌惮地南下纵横千里平原。而开封地处中原腹地，地势平坦，又临近黄河，直接暴露在他们的铁蹄之下。"今京师砥平冲会之地，连营设卫，以当山河之险。"③宋朝统治者不得不在开封附近屯以重兵来拱卫京师，只有如此才能换取安全感。这也是宋朝"冗兵"的根源之一。

北宋士兵的来源复杂，据《宋史·兵志》所载，宋朝军队兵员来源大致有四个途径：

> 或募土人就所在团立，或取营伍子弟听从本军，或募饥民以补本城，或以有罪配隶给役。④

---

① ［五代］刘昫：《旧唐书》卷十九下《本纪》第十九下。

② ［宋］王溥：《五代会要》卷二十六。

③ ［宋］李焘：《续资治通鉴长编》卷二百九。

④ ［元］脱脱：《宋史》卷一百九十三《兵志》第一百四十六。

以"募饥民以补本城"为例，即当一个地方发生自然灾害，民众的生活无以为继时，为防止这些人铤而走险，聚众闹事，成为社会不安定因素，朝廷就招募这些饥民为兵。

宋太祖曾得意地说：

可以利百代者，唯"养兵"也。方凶年饥岁，有叛民而无叛兵；不幸乐岁而变生，则有叛兵而无叛民。①

赵匡胤认为只有养兵才是国家长治久安之道，在荒年募饥民为兵可以避免他们造反，在正常年份，即使军队发生叛乱，也不会有百姓参加。使兵民隔离，既防民为寇，又防兵作乱。

太宗也说：

若无外忧必有内患，外忧不过边事，皆可预防，惟奸邪无状，若为内患，深可惧也，帝王用心常须谨此。②

赵光义认为，边患问题并不可怕，充其量不过是外族军队打进来抢点东西，抢完就走，成不了大气候，并不会动摇国本，最重要的是保持国家内部稳定。可想而知，老赵家对这种维稳手段还是挺满意的。

至于前文提及的"以有罪配隶给役"，即将罪犯充军，读过《水浒传》的人想必对此不会陌生，林冲、杨志等梁山好汉都曾刺配充军，刺配即在犯人脸上刺字并发配边远地方。一群由罪犯和地痞流氓所组成的军队，其战斗力可想而知。

政府通过扩充官僚机构，增加科举取士名额，来达到集权的目的，通过"养兵"来消除社会不安定因素。虽然这些政策都有种种弊端，但确实也解决了不少问题。

---

① [宋]晁说之：《嵩山文集》卷一。
② [宋]李焘：《续资治通鉴长编》卷三十二。

然而，我们似乎遗漏了什么，一个最为重要的因素并未计算在内。

是成本，简单地说就是钱。实行这些国策可都是需要巨额的财富投入作为支撑，那可都是真金白银。

俗话说，能用钱解决的问题都不是问题，可问题是北宋朝廷有钱吗？

宋朝被后世称为"文人的天堂"，文官待遇自然不会差。选拔如此多进士，新增如此多机构，那可都需要用大把的钱养着。

据《宋代灾害与荒政述论》统计，两宋立国300余载，共发生各种灾害1219次，平均每年发生灾害近4次。"年岁丰凶，固不可定，其间丰年常少，而凶岁常多。"[①] 有灾害的年景多于丰收的年景，一遇灾害朝廷就招募饥民去当兵，虽然可以暂时缓解社会矛盾，但治标不治本，况且不断募兵也意味着加重财政负担。

而且宋朝军制有个"易进难退"的特点，招募容易退则难。宋哲宗元祐四年（公元1089年）诏令："今后挑选禁军低级武官，虽已年至六十，如果体力未衰，武艺未退，能胜任统辖部队者，仍可继续留任；达到六十五岁者，再裁减为剩员。"[②] 剩员，即老弱伤残士兵，并非削籍为民，仍享有官俸。宋代士兵不到20岁从军，在军队服役期限长达40年以上，他们的一生几乎都贡献给了军队，朝廷也自然要养着这些已经丧失战斗力的士兵。

从表面上看，朝廷这一"养兵"制度很"人性化"，但这一制度也直接导致宋军战斗力差以及军费开支居高不下。打仗虽然不行，但军饷还是照拿不误，如果不按时发饷，那就弄得朝廷鸡犬不宁为止。

据《玉海》记载：宋太祖开宝年间（公元968—976年）军队总额约37.8万，到了太宗至道年间（公元995—997年）已增至66.6万左右，至仁宗庆历年间（公元1041—1048年）军队数量竟已达125.9万之多。[③] 统治者很清楚"冗兵"的危害，

---

① [宋]李焘：《续资治通鉴长编》卷二百十一。

② [宋]李焘：《续资治通鉴长编》卷四百二十七。

③ [宋]王应麟：《玉海》卷第一百三十九《兵制》。

但也有苦难言。

一方面，将这些饥民、罪犯招募为兵，本来就是为了消除反抗力量，巩固自身统治。倘若将这些人复员为民，他们既无傍身之技，又无立锥之地，显然无法养活自己。那为了活下去该怎么办？打家劫舍，落草为寇？这群人势必又将成为社会的不安定因素，让朝廷头疼。

而另一方面，北宋四周强敌环伺，对中原地区虎视眈眈，故朝廷也担心裁减军队造成守备不足。

当时，北宋疆域的北面与契丹族所建立的辽国接壤，辽国疆域广阔，军事实力强大。公元936年，石敬瑭反唐自立，建立后晋，为向辽国求援，将燕云十六州割让给辽国。宋太宗赵光义继位后虽有心收复燕云，但高梁河（今北京外城一带）之战，宋军大败，损失惨重，太宗本人亦身中两箭，乘驴车狼狈逃跑才幸免于难。雍熙三年（公元986年），太宗认为时机成熟，发动北伐，史称"雍熙北伐"。北伐初期，宋军攻其不备，三路大军均取得一定胜绩，也攻占不少州县，但后因各路宋军之间缺乏必要的协调以及指挥不力，在歧沟关（今属河北涿州）一战中，东路宋军大败。辽军乘势反扑，三路宋军皆败，北伐期间所夺之地再次失守。这两场战役的惨败使宋朝统治者彻底丧失收复燕云之地的信心，从此对辽转为消极防御的政策。

北宋方面已偃旗息鼓，而辽国却步步紧逼，不断侵扰宋朝边境，使边境地区的生产遭受极大破坏。虽然双方在公元1005年签订了"澶渊之盟"，之后两国长期处于相对和平的状态，但谁也保不准哪天辽国会突然撕毁盟约，挥军南下，直捣开封，所以北宋对辽国的防备不敢有丝毫松懈。当然，签订盟约也是要付出代价的，北宋朝廷每年给辽国银十万两，绢二十万匹。

北宋的西北面是党项族建立的西夏。五代时期，由于中原混乱，党项族迅速扩充势力，以夏州（今属陕西靖边东北）为中心，割据一方。北宋初年，党项委蛇于宋、辽之间，赵匡胤出于各种因素考虑，实施宽容政策，"许之世袭"。宋太宗时期，党项族首领李继捧上台后，主动前往开封朝觐，称愿放弃世袭割据。太宗听后大喜，打算把李氏亲族迁到开封，彻底根除西北这一盘踞势力。

李继捧的族弟李继迁，志向高远，深知一旦入京，无异于蛟龙失水，再无翻身机会。因此使计逃离，遁于地斤泽（今属内蒙古）。起先宋廷并未将他放在眼里，认为其势单力薄加上周围地理环境险恶，根本难成气候。但李继迁并非常人，他以其高超的政治头脑和得当的外交策略，又凭借对西北一带地形的熟悉，积蓄力量，屡次击败前来围剿的宋军，并夺得夏、银、绥、宥、静五州。咸平六年（公元1003年）三月，李继迁攻取宋朝重镇灵州（今属宁夏灵武西南），为以后西夏国的建立奠定了基础。关于宋夏两国后来的恩怨史，我们暂且不表，留个悬念。

北宋建立之初，朝廷确有收复燕云十六州之心，但当时的辽国还处于强盛时期，在两国交战中，宋军屡屡处于下风。在缔结"澶渊之盟"后，双方罢兵，北面边境趋于安定、和平。但随着李继迁的崛起以及后来西夏国的建立，双方爆发一连串战争，使北宋的西北面烽火常举，不得安宁，宋廷只得在边境集结大量军队以防不测。与辽国、西夏的军事冲突，最终都以宋朝的卑辞厚币而告终。而频繁的战事所带来的军费支出，即使倾国库之所有也难以为继。

面对日益沉重的财政负担，宋廷不得不想出各种办法来填补财政缺口。其实办法很简单，就是开源节流。先谈"节流"，众所周知，终宋一朝始终被"三冗"问题困扰。有人认为皇帝权力这么大，只要皇帝下诏，大笔一挥，那些老弱残兵，裁，臃肿的官僚机构，撤，大刀阔斧的改革之后，省些银子那还不是小菜一碟。

但这还真不是轻轻松松能解决的问题。增设官僚机构，增加科举取士名额本身就是为了削弱各级官员的权力，以达到稳定统治的目的。裁军那就更不行了，先不说这种"养兵"政策是太祖皇帝的得意之作，后世子孙不能轻易违背，光是辽国与西夏那虎视眈眈的目光，就让皇帝不敢轻易动裁军这一念头。况且裁军后那些复员士兵的安置需要一大笔开销，假如在安置问题上出现偏差，使他们成为不安定因素，到时候维稳又需要更大的投入，显然得不偿失。

明朝的崇祯帝为了节省国库开支裁撤大量驿站，导致大批驿卒失业，而最终灭亡大明王朝的就是先前被裁的驿卒李自成。朝廷内部不少有识之士不是没看到这些弊政的危害，他们多次上疏要求改革。范仲淹、王安石就是其中的佼佼者。可惜的是范仲淹的"庆历新政"和王安石的"熙宁变法"均以失败而告终。

三、榷盐开源，究竟动了谁的奶酪？

（一）煮海熬波

节流的方法行不通，那就唯有依靠开源，开源手段中十分关键的一条就是扩大禁榷的收入。国家垄断的东西，想怎么卖就怎么卖。食盐作为一种重要的禁榷商品，从最初的榷盐收入到后来的盐钞制度，为宋廷应付日益庞大的军费支出起到了至关重要的作用。

据史料所载：

盐之品至多，前史所载，夷狄间自有十余种，中国所出亦不减数十种。今公私通行者四种。[①]

"公私通行者四种"里的四种盐指的是海盐、池盐、井盐、崖盐。除崖盐外，其他三种盐都是经人工所制。四种盐中，又以海盐产量最高。

宋代的食盐产量颇高，而且其产地分布广泛。据统计，当时食盐产地分布于全国29路，117个州级政区，179个县级政区；从地域分布情况来看，海盐产地分布最广，其次是井盐、池盐和土盐产地，崖盐产地最少；海盐盐场至少有165个，盐池有14个，最高峰时四川有4900余口盐井。[②]

---

① [宋]李廷忠：《橘山四六》卷三。

② 吉成名：《宋代食盐产地研究》，四川出版集团巴蜀书社，2009年6月，第142页。

煮海熬波
中国海盐博物馆

　　细小的盐粒虽不起眼，然而制取起来却颇费工夫。我们先说"海盐"。海盐，顾名思义就是从海水中制取的食盐，因此其产地必然是在沿海地带。古人将从海水中制取食盐称为"煮海"或者"熬波"，煮盐的人称为"盐丁"，煮盐的场地称为"亭场"。

　　"海盐"制取分为两大步骤：取卤和煎煮。各地盐场因地制宜，取卤方法也有一定差异，盐民们普遍采用的取卤方法是刮咸淋卤法。"刮土"又叫作"刺土""淋土"，即刮取海滨富有盐分的咸土；淋卤，就是用海水浇灌咸土，以制取卤水。或许有人会认为，这些工艺并不复杂，其实非也。

　　刮咸淋卤里又包括三道工序：耕垦盐田、刮土取咸和淋漉卤水。在刮土之前，必须先选定一块傍海咸地作为盐田，然后对盐田进行锄草、耕犁等加工处理，使土质变得松软，松软的土质更易于吸收海水中的盐分。接下来就要"刮土"，据《太平寰宇记》记载：取卤煮盐，须在天晴的日子，用人力或牛力牵引"爬车"刮取海滨咸土，这可完全是体力活。然后将刮来的咸土堆在铺了茅草的地上，堆成高约二尺、宽为一丈的规则状土墩，称之为"卤溜"。在卤溜底侧，有事先挖好的"卤井"，两者用竹管相连通。淋漉卤水这一工序相对轻松，通常由妇女和少年来完成。他们

淋卤
中国海盐博物馆

手持"芦箕"舀取咸水，从卤溜上方缓缓向下浇洒，片刻间，卤水自溜底渗出，流入卤井。[①]

取卤后就是煎煮，这也是制取海盐的最后一道工序。《太平寰宇记》里明确记载煮盐和收盐的工序：将皂荚子[②]置于盐盘内，升火煮卤。一溜的卤可分三至五盘烧煮，每个盐盘可以烧三到五石盐。等煎煮完成后，煮夫们会穿着木履迅速将还冒着热气的盐盘收取，收取完毕后，继续添加卤水进行煎煮，一天下来可制取五盘。

当然，制取海盐的整个过程并非仅仅是这几道工序的简单重复，它还包括冶铸、化工以及对气象、水文的观察检测等诸多方面。

（二）引水种盐

解州是著名的池盐产地。当地种盐的人会先在盐池旁耕出一块畦垄，畦垄即有土埂围着的田地。把池内的清水引入畦中，但要提防浊水流入，否则就会淤积"盐脉"。每年春季就要开始引水种盐，若时间太晚，水就会变成红色。等到夏秋之交南风大作，盐水一夜之间就能凝结成盐，因成颗粒状，所以称之为"颗盐"。跟细碎的海盐相比，池盐颗粒较大，所以古书上又称之为"大盐"。[③]

（三）凿井取卤

井盐生产从凿井、汲卤、输卤到煎煮，分工极细，工序繁琐。据《续文献通考》所载：蜀地的盐来自于井里，想找盐井必须凿地六七十丈，如果运气好找到盐井，

---

① [宋]乐史：《太平寰宇记》卷一百三十《淮南道》八。

② 豆科植物的种子，可以促进盐水饱和。

③ [明]宋应星：《天工开物》卷上《池盐》。

就使人垒石为壁，然后几十人用粗绳牵着牛皮制成的袋子汲取盐泉水。等到盐泉逐渐枯竭时，就派人下井收取袋子，再引绳而上。最后将获得的盐泉水倒入锅中，在灶上煎煮后即可成盐。①

相较于海盐和池盐，井盐生产难度更大。其开采之艰难，单从凿井深度就可见一斑。"深必十丈以外乃得卤性，故造井功费甚难。"②虽说并非每口盐井都需开凿这么深，但至少须开凿十丈以上。古代工具落后，欲求盐井，需长年累月并投入大量人力、物力。

（四）烈日乘凉

盐民们日复一日，年复一年的劳作，为朝廷贡献大量的食盐和财税。"士、农、工、商"被称为"四民"，"四民之中，惟农最苦"。③但实际上，盐民们的生存环境比农民要更为恶劣。

据《黄氏日钞》中所述：亭户，即盐户。天下的百姓，最苦莫过于盐民。不仅仅因为冬季不能避风寒，夏季不能躲酷热。面对夏季的酷暑，他人避之不及，唯独盐民相反。由于煎盐的灶舍十分炎热，与之相比，烈日炙烤下的户外反而来得凉快，"一出青天白日之下，即清凉也"。冬季天寒地冻之时，官府有时会接济贫困的百姓。但盐民反而会在这一季获罪，因为晒盐全靠晴天，而冬季晴天少气温低，不利于晒盐，盐民们必然完成不了定额。④

《黄氏日钞》的作者黄震是南宋的一名盐官，长期接触各个盐场，对盐民艰苦的生产环境十分了解，这段文字也是对盐民艰辛生活的真实写照。

大才子柳永曾担任过晓峰盐场的盐官，在与盐民接触的过程中，目睹了盐民悲

---

①　[明]王圻：《续文献通考》卷二十三《征榷考》《盐法》。

②　[明]宋应星：《天工开物》卷上《井盐》。

③　[宋]李焘：《续资治通鉴长编》卷三百五十九。

④　[宋]黄震：《黄氏日钞》卷七十一。

惨的生活，怀着悯民的情怀，写下《鬻海歌》：

> 鬻海之民何所营，妇无蚕织夫无耕。衣食之源太寥落，牢盆鬻就汝输征。
> 年年春夏潮盈浦，潮退刮泥成岛屿。风干日曝咸味加，始灌潮波增成卤。
> 卤浓咸淡未得闲，采樵深入无穷山。豹踪虎迹不敢避，朝阳出去夕阳还。
> 船载肩擎未遑歇，投入巨灶炎炎热。晨烧暮烁堆积高，才得波涛变成雪。
> 自从潴卤至飞霜，无非假贷充糇粮。秤入官中得微直，一缗往往十缗偿。
> 周而复始无休息，官租未了私租逼。驱妻逐子课工程，虽作人形俱菜色。
> 鬻海之民何苦辛，安得母富子不贫。本朝一物不失所，愿广皇仁到海滨。
> 甲兵净洗征输辍，君有馀财罢盐铁。太平相业尔惟盐，化作夏商周时节。

但少数人的同情根本改变不了亭户们的现状，终年的辛勤劳作，换来的收入却少得可怜，再加上贪官污吏的各种盘剥、压榨，亭户们始终饱受着饥困之苦。正所谓：

> 亭民亦良民，孰谓俱无赖。
> 官吏既扰之，兼并责逋债。
> 熬波亦良苦，乐岁色犹菜。
> 输盐不得钱，何以禁私卖。
> 所在积蠹久，良法浸多坏。[①]

那些不堪重负的盐民或选择逃离盐场转行他业，或遁入山林落草为寇。而更多的盐民为谋求生计，往往冒禁私制贩盐。

---

① ［宋］楼钥：《送元卫弟赴长亭盐场》，《攻媿集》卷三。

四、食盐的魔力

（一）不战而屈人之兵

据《新唐书·食货志》记载：

> 盐州五原有乌池、白池、瓦池、细项池，灵州有温泉池、两井池、长尾池、五泉池、红桃池、回乐池、弘静池。

唐时，乌、白二池就是唐朝政府与吐蕃争夺的目标，而现在又成为北宋与西夏边境冲突的战略要地，宋夏之间的战争时停时起，除政治、军事原因之外，还有一个很重要的因素就是对盐池的争夺。双方都清楚，这一个个盐池所产的不仅是食盐，更是真金白银，谁会不眼红，谁能不动心。

自公元982年李继迁反宋开始，直至公元1127年北宋灭亡，金国占领陕西地区，宋夏两国不接壤为止，在这近一个半世纪的岁月里，双方大部分时间处于敌对状态。李继迁利用宋辽之间的矛盾，采取联辽抗宋的策略，致使宋军屡战屡败。眼看着李继迁坐大坐强，而自己派出去的军队却屡屡吃瘪，太宗赵光义心急如焚。不过北宋群臣中也并非没有能人，转运副使郑文宝就上书建议：

> 银夏之北，千里不毛，但以贩青白盐为命尔。请禁之，许商人贩安邑、解县两池盐于陕西以济民食。官获其利，而戎益困，继迁可不战而屈。[1]

党项人主要以畜牧业为生，农业相对滞后，李继迁所控制的区域绝大部分为沙

---

[1]　[元]脱脱：《宋史》卷二百七十七《列传》第三十六。

漠、戈壁地带，各种物资十分匮乏，能拿得出手跟人家做贸易的就只有青白盐①。宋廷也深知青白盐贸易对他们的重要性，只要将此贸易一禁，党项人一旦缺乏粮食与生活所需物资，李继迁就只得乖乖屈服于北宋朝廷。于是太宗就采纳了郑文宝的建议，禁止双方的青白盐贸易。食盐的确是人们不可或缺的重要物资，但毕竟不能代替粮食的功能。李继迁的军队即使再能打，你让他们饿着肚子打仗试试。缺少了青白盐，北宋仍可以凭借强大国力，从其他地区调拨食盐来支援西北，但党项物资匮乏，只能眼睁睁地受制于人。

北宋这招"釜底抽薪"不可谓不高明，通过经济制裁来达到不战而屈人之兵的目的。只可惜理想很丰满，现实很骨感。青白盐贸易一禁，首先给北宋边境百姓的生活带来极大的不便。原先，他们可以通过贸易低价购得食盐。而如今，朝廷虽然调拨了山西安邑、解县的池盐过来解困，但池盐价格高于青白盐，这样一来就加重了百姓的负担。再者腐败的官员们从中层层盘剥，降低了商人贩卖池盐的利润，于是青白盐走私现象盛行。宋廷虽采取严厉的措施禁止青白盐走私，下令"自陕以西有敢私市者，皆抵死"，②但行之数月，冒禁私贩者依旧甚多。自禁青白盐贸易以来，北宋反而面临内外交困的局面，以致境外"戎人乏食，相率寇边"③，境内"关陇民无盐以食，境上骚扰"④。面对着党项人因缺粮而时常侵犯边境，境内百姓因少盐而频频作乱，太宗皇帝不得不开放禁令，派遣知制诰钱若水抚慰边境，缓和矛盾。

然而不久之后，宋廷又再度禁止青白盐入境。到了真宗朝，李继迁已亡，其子李德明屡次请求开放青白盐贸易，宋廷虽口头答应，但同时又提出非常苛刻的条件，要求以李德明的子弟作人质来交换，实际上就是不同意解禁，开出一个达不到的条件，让你知难而退；至仁宗朝，李继迁之孙元昊正式称帝，建立西夏政权，公

---

① 因盐色稍带青绿色而得名。
② [元]脱脱：《宋史》卷二百七十七《列传》第三十六。
③ [元]脱脱：《宋史》卷二百七十七《列传》第三十六。
④ [元]脱脱：《宋史》卷二百七十七《列传》第三十六。

然奉行与宋为敌的政策，双方不断发生大规模战争。虽然在军事方面西夏不断获胜，但西夏国内已是民穷财困，民怨沸腾。元昊不得不于庆历四年（公元1044年）向宋称臣议和，北宋册封元昊为夏国主，"仍赐对衣、黄金带、银鞍勒马、银二万两、绢二万匹、茶三万斤"，[①]唯独不同意解青白盐之禁。

当然，北宋朝廷对西夏禁止青白盐贸易也无可厚非，宋夏进行贸易主要是经济上的需要，而对北宋来说贸易只是其对西夏政策中的一部分，双方关系并不对等，"夏人仰吾和市，如婴儿之望乳"。[②]青白盐就好似"调节器"，禁止青白盐贸易会使西夏经济受到重创，削弱西夏的国力。北宋的目的很明确，既然一下子消灭不了西夏，那就力图在经济上削弱它，在政治上控制它。

同时，禁青白盐也是为了保护本国的经济利益。青白盐价廉物美，深受边境百姓的欢迎，如果让青白盐大量进入，那本国的食盐将会被逐渐挤出市场，这对宋朝财政安全构成严重威胁。为保障食盐的专卖利益，保证盐税收入的最大化，宋廷肯定要禁止青白盐贸易，虽然民间青白盐走私屡禁不止，但至少在官方渠道是一定要禁止的。

（二）比金银更受欢迎的赏赐

食盐，除了是生活必需品和重要财税来源以外，还有一个至关重要的角色——宋朝羁縻政策中的关键性经济元素。

大理国地处北宋疆域的西南面，对外采取守势，对北宋的边防压力较小，因而宋廷对其实行"各保其境，相安无事"的策略，主张在政治上限制往来，在经济上避免直接接触。虽然大理国曾数次请求宋王朝册封，但宋廷仅是"待之以礼"，不予册封。

除了大理国，在西南这片区域内还生活着许多少数民族。对于这片穷山恶水，宋廷认为"揭上腴之征以取不毛之地，疲易使之众而得梗化之氓，诚何益哉"！[③]

---

① [元]脱脱：《宋史》卷四百八十五《列传》第二百四十四。

② [清]吴广成：《西夏书事》卷十九。

③ [元]脱脱：《宋史》卷四百九十三《列传》第二百五十二。

为了这片不毛之地劳师远征并不合算，况且西北面的战事牵扯了宋廷太多精力，再对西南地区用兵显然已力不从心。但同时，当地土酋豪强的向心力又直接关系到北宋西南地区的稳定，是宋朝边境安全不可忽视的重要因素。

虽然宋廷对这些土酋豪强采取羁縻政策，但效果并不理想。由于蛮人乏盐，为获取食盐，遂频繁侵扰边境，杀害官民，朝廷不得不增派驻军加强防御，随之产生的问题是驻军粮饷负担加重，百姓苦不堪言。真宗咸平年间（公元998—1003年），丁谓提出"以盐易粟"的办法。这不仅解决了边地的军粮问题，也安抚了当地土酋，调和了双方的矛盾。据《续资治通鉴长编》记载，西南各少数民族认为这是朝廷施恩于己，遂相互约定，如果有敌人侵犯，一起杀之，并且答应："天子济我以食盐，我愿输与兵食。"①

同时，宋廷又"树其酋长，使自镇抚"，②笼络各族首领，实行高度自治。对于有功的当地少数民族，不仅赏赐金银财宝，还赏赐食盐。据史料记载：天圣六年（公元1028年），知溪峒忠顺州彭儒赞捉杀贼人罗万强等人，宋仁宗在常规赏赐范围之外，"更支赐盐三百斤"；③皇祐三年（公元1051年），邵州（治所在今湖南邵阳）溪峒中胜州舒光银杀贼有劳，"依旧例赐盐一千斤、绢一百匹为酬奖"；④乾道八年（公元1172年），宋廷规定："自今后如蛮人每名中卖到马三百匹者，乞赏锦段一匹、盐一百斤。"⑤

从上述史料中不难看出，赏赐食盐深受当地少数民族的欢迎。用食盐换取蛮人的粮食，使盐成为缓和民族矛盾与解决民族冲突的重要武器，利用盐来维系中央政府与当地少数民族的关系，可能是维护西南地区稳定的最佳选择，也从侧面反映出宋廷基本垄断了当地的食盐开采和销售。

---

① ［宋］李焘：《续资治通鉴长编》卷五十二。

② ［元］脱脱：《宋史》卷四百九十三《列传》第二百五十二。

③ ［清］徐松：《宋会要辑稿》之《蕃夷》五。

④ ［清］徐松：《宋会要辑稿》之《蕃夷》五。

⑤ ［清］徐松：《宋会要辑稿》之《兵》二三。

第二章

定胜糕的前世今生

一、定榫奇谋

　　糕，就是用水将米粉或者面粉拌匀和成面团蒸熟而成的食品。据《说文解字》中记载，"糕，饵属"，饵的本义即"糕饼"。食糕的历史可以追溯到商周时期，《周礼·天官·笾人》有载："羞笾之实，糗饵粉餈。"①

　　糕点发展至宋代，其制作水平已达到炉火纯青的程度。据《梦粱录》所载：

　　蒸作面行卖……重阳糕、肉丝糕……更有专卖素点心从食店，如丰糖糕、乳糕、栗糕、镜面糕、重阳糕、枣糕……又有粉食店，专卖……拍花糕、糖蜜糕……②

　　宋代糕点种类之繁多，可谓不胜枚举。下面要出场的这款糕点有个吉利的名字——定胜糕。定胜糕的配料其实很简单，主要是糯米粉和粳米粉，如果光按照配料来命名的话，其实就是米糕。那为何取名定胜糕呢？原来，此糕的背后有一段荡气回肠的故事。

　　宋建炎三年秋（公元1129年），金国大将完颜宗弼③率领十万金兵大举南侵，宋高宗赵构南逃时，命韩世忠为浙西制置使，驻守镇江。后因各路宋军皆败，世忠退守江阴、秀州（今浙江嘉兴）一带。建炎四年，金军攻占杭州，大掠后欲北返，韩世忠料定镇江是金军北返的必经之路，于是率领八千将士马不停蹄地奔赴镇江，并在镇江东面位于长江上的焦山寺埋伏一军，计划截断金军的归路。同年三月，北返金军到达镇江，与早已设伏在此的韩世忠军相遇，遂爆发著名的"黄天荡（长江

---

① 《周礼》卷二。

② [宋]吴自牧：《梦粱录》卷十六。

③ 即金兀术。

"两头大，中间细"的定胜糕

下游一段，今南京东北）之战"。

虽说宋军占据地利，但毕竟双方兵力悬殊，一时间僵持不下，如何破敌，颇让韩世忠头疼。某天，有人送糕到军帐，韩世忠夫人梁红玉接过一看，此糕两头大，中间细，掰开此糕后，发现内夹纸条一张，其上书有："敌营像定榫，头大细腰身，当中一斩断，两头不成形。"梁红玉得知是破敌之计，金军薄弱点在于中部，应当拦腰截之。韩世忠传令连夜出击，直冲敌营中部，使金军首尾不得相顾，最终大获全胜。

宋朝的曾极在《金陵百咏》中赞扬了韩世忠黄天荡抗金的功劳：

受金纵敌将何知，曹沫功名失此时。
雁足不来貔虎散，沙头蚌鹬谩相持。[1]

之后此糕的故事流传开来，人们说韩世忠、梁红玉得到神人相助，又因定榫和定胜谐音，便称此糕为"定胜糕"。

名称意涵好的食物向来备受世人垂青，"糕"与"高"谐音，过年食糕，寓意年年高。据说在浙江嘉兴地区有种糕点叫作"状元糕"，跟定胜糕有异曲同工之妙，因为名字听起来相当吉利，许多考生在考试前都争相购买。想必在每年的六月份，

---

[1] [宋]祝穆：《方舆胜览》卷十四《江东路》。

状元糕、定胜糕一定会供不应求，虽然买的人都知道这只是普通的米糕而已，但都希望讨个好彩头。再比如在新婚当天，男方家需要准备红枣、花生、桂圆、莲子这四种食物放在新人的床上，这四种果品各取一个谐音，合起来就是"早生贵子"。有的地方还要新人吃这四样东西，象征祝福。

定胜糕这个名字是否真来源于此，我们已无从考证。但黄天荡之战确有其事，与故事不同的是，此战最终以宋军的失利告终。不仅如此，史料中对双方投入的兵力记载也存在较大差异。《宋史》中记载韩世忠领兵八千，金军则有十万之众，而《金史》中却完全不同。

据《三朝北盟汇编》所载：为了逃出黄天荡，金军想尽一切办法，金兀术听取谋士的建议，动用了火箭。二十五日，天晴无风。金军以轻舟载善射的士兵靠近宋军船队，然后火箭密如雨下，射燃宋军海船的篷帆，篷帆熊熊燃烧，使宋军防不胜防。韩世忠的海船水、陆两战皆可用，因此人和战马都全副武装，每船都载有士兵、马匹和辎重粮草，没有风就动弹不得。被金军火箭射中后，宋军的海船四处起火，"远望江中，层层皆火，火船蔽江而下"。金人奋力划桨，以轻舟追袭之，金鼓之声，震动天地。世忠的部队溃散，孙世询、严永吉皆力战而死。兀术趁机逃出黄天荡，进驻建康，随后得以渡江北归。[1]

虽然宋军最终失利，但此战对南宋朝廷的意义却十分深远。自赵构建立南宋以来，他和投降派大臣就妄想用求和的办法来保住半壁江山，抗金斗争一开始就充满着种种变数。而黄天荡之战中宋军的英勇表现不仅给予金军沉重的打击，更是极大地振奋了南宋军民的士气，给屡战屡败、士气低落的南宋诸军注入一针强心剂。有人甚至认为此战让岌岌可危的南宋政权得到喘息之机，使其国祚延续上百年。

---

① [宋]徐梦莘：《三朝北盟汇编》卷一百三十八。

二、人如其名的股肱之臣

表字是古人在名字之外，所取的与本名意义相关的别名。韩世忠表字良臣，他十七岁入伍，早期一直活跃在抗击西夏的前线，继而随军平定方腊起义，并亲手擒获方腊；衣冠南渡后，又平定"苗刘兵变"稳定南宋政局，黄天荡之战更是"扶大厦之将倾，挽狂澜于既倒"。他为赵宋朝廷所作出的贡献无愧于"良臣"二字。

在宋代，武将群体大致由四类人员组成，即武将世家、军班行伍、潜邸亲随和外戚官员。两宋一直采取重文抑武的方针，武将的社会地位普遍不高，而通过积累年资和借助军功提拔成高级军官的更是少数。

来自西北边陲贫苦农民家庭的韩世忠，正是典型的"军班行伍"出身。他历经大小战役无数，屡立战功，但由于出身低微，所立战功或不被承认，或被其他武将抢去，升迁之途格外坎坷。在"中兴四将"①中，韩世忠出道最早，但其早年仕途也最为艰辛。不过他还是凭借自己的努力，逐步得到提拔，由一名普通士兵逐渐进入高级武将行列。

世忠文武双全，不仅是位沙场宿将，连吟诗填词也有两把刷子，我们先来欣赏下他的其中一首作品：

> 人有几何般。富贵荣华总是闲。自古英雄都如梦，为官。宝玉妻男宿业缠。
> 年迈已衰残。鬓发苍浪骨髓干。不道山林有好处，贪欢。只恐痴迷误了贤。

这首《南乡子》所表达的主题思想就是："我很安于现状，后悔这么晚才过这样的生活。"在同一时期另一名抗金名将岳飞曾写过一首家喻户晓的词——《满江红》，这首词写得慷慨激昂，气势磅礴，表露了岳飞忠于朝廷，渴望驱逐金人，还我河山的豪情壮志。但同样作为抗金名将，同样是志在抗击外族侵略，恢复中原故

---

① 其余三人为岳飞、张俊、刘光世。

《中兴四将图》①
宋代刘松年绘
故宫博物院藏

土的韩世忠为何会写出这样一首消极的词呢？

首先我们要了解这首词的创作背景，当时的宋高宗和以秦桧为首的投降派忙着与金国议和，剥夺了几名大将的兵权。由于韩世忠坚决反对议和，且言辞激烈，秦桧集团对其颇为嫉恨，意欲加害之。得益于宋高宗的保全，韩世忠才能全身而退，遂与旧部断交，和文人交好学习赋诗填词。也正因为韩世忠如此表态，他才能够安度晚年，既保全了自己及家人的性命，也保护了昔日部下们的安危。

在历代王朝中，轮回上演着一幕幕"兔死狗烹，鸟尽弓藏"的戏剧，因功劳太盛而受到皇帝的猜忌，最终招致杀身之祸者比比皆是。所以世忠在报国无门的情况下，选择归隐山林，并得以善终，令人甚感欣慰。与之相比，另外三名中兴之将的最终命运却没有那么幸运。岳飞以"莫须有"的罪名被冤杀，死得悲壮，流芳百世；刘光世，空有中兴之将之名，却无中兴之将之实，被解除兵权后，任闲散职务，赋闲至死；张俊，投靠秦桧，参与冤杀岳飞一事，成为千古罪人，还被铸成铜人，与秦桧等人跪在杭州岳坟之前受到世人的唾骂。

---

① 左起二、四、五、七为：岳飞、张俊、韩世忠、刘光世。

三、官妓出身的女中丈夫

韩世忠的一生充满传奇色彩，而他的夫人梁氏也非寻常女子。在文学和戏曲作品中，梁氏被称为梁红玉，这些作品将她描绘成一名性格直率、不畏权势的巾帼英雄。梁红玉出身于军人世家，自小武艺高强，由于她的祖父与父亲贻误战机，因而获罪被杀，梁红玉也受到牵连，沦为京口（今江苏镇江）营妓。在一次庆功宴上，她偶遇当时落魄的韩世忠，两人互生情愫，结为夫妻。在战争期间，梁红玉一直是韩世忠的得力助手。岳飞被害后，她厉声质问秦桧，身上所散发的凛然正气足以令那些默不作声的文臣武将汗颜。韩世忠被解除兵权后，两人共同归隐山林，白头偕老，死后夫妇同葬一穴。

《鹤林玉露》里对韩梁二人的相识情景描述的更富戏剧性。该书记载，韩蕲王的夫人梁氏，曾经做过京口的营妓。有一次，梁氏"于庙柱下见一虎蹲卧，鼻息鼴鼴然，惊骇，亟走出，不敢言"。等到人多些时，再返回查看，原来是一名士卒。众人把那人唤醒后，问其姓名，答曰韩世忠。梁氏觉得很惊奇，并将此事告诉自己的母亲，其母认定"此卒定非凡人"。于是将世忠邀请到家中，资助金帛，韩、梁喜结连理，后来韩世忠屡立军功，成为中兴名将，梁氏也被封为两国夫人。[①]

建炎三年，苗傅、刘正彦发动兵变，逼迫高宗退位，让位给三岁的皇太子赵旉，史称"苗刘兵变"，大臣吕颐浩和张浚召集韩世忠等起兵镇压。

苗、刘二人听闻韩世忠带兵前来后十分担忧，随即扣留韩世忠妻子梁氏及其子作为人质。宰相朱胜非骗苗傅说："太后说只要让梁氏出城去安抚韩世忠，诸军即可安定。"苗傅同意了他的建议。于是梁氏被招入宫中，进封安国夫人，让其迎接韩世忠，请他迅速勤王。梁氏出城疾驰一昼夜，与韩世忠汇合于秀州，为平叛做出

---

① [宋]罗大经：《鹤林玉露》卷二。

巨大贡献。①

平定苗、刘叛乱后，韩世忠升为武胜昭庆军节度使，高宗御书"忠勇"二字赐之，并封梁氏为护国夫人。关于一年后的黄天荡之战，更有对梁氏"亲执桴鼓，金兵终不得渡"②的记载。后世有不少歌颂此战的诗歌，其中不乏对梁氏的赞叹：

> 巫家卜偶不为嫌，优女占夫事更坚。
>
> 看取异时真畏友，九重书上议黄天。③

梁氏于风尘中识英雄，后佐夫建不世之功，以自己的深明大义赢得了人们的尊敬与赞扬。她协助夫君抗击侵略，保家卫国，成为一位名留青史的杰出女英雄。

四、清华校长夫人卖米糕

关于"定胜糕"还有这样一则故事：当年由于国民党军队在正面战场的节节败退，导致国土大面积沦陷。北京大学、清华大学、南开大学的师生们辗转迁徙至云南昆明的大普吉村，在那组建了国立西南联合大学，简称"西南联大"。1940年后，抗战逐步进入困难时期，当时物价飞涨但收入不涨，即使是西南联大的校长、教授们月薪也只够维持半个月，日子过得非常拮据。为补贴家用，家属们开始八仙过海，各显神通，千方百计克服生活上的困难。

梅贻琦④的夫人韩咏华曾在联大庶务赵世昌那里学做上海米糕。某天，潘光

---

① [元]脱脱：《宋史》卷三百六十四《列传》第一百二十三。

② [清]嵇璜：《续通志》卷三百七十一《列传》。

③ [元]杨维桢：《复古诗集》卷四。

④ 梅贻琦（1889—1962年），教育家，1931—1948年任清华大学校长。

旦^①夫人看梅校长家实在困难，就私下找袁复礼^②夫人商量，打算劝韩咏华一起做米糕出售，但又怕她不同意。毕竟韩咏华不是一般人家出身，她除了是清华校长的夫人以外，还是天津大名鼎鼎的天成号韩家的五小姐。虽然韩家到了韩咏华那辈已经没落，但"瘦死的骆驼比马大"。凭借着祖父、父亲的经营，韩家的家业渐有起色，想来韩咏华从小的生活应该相当富足。不过，当听到两位夫人的提议之后，韩咏华竟一口答应。于是三位夫人立即行动起来，分工协作，并在每块米糕上用糖浆写上"一定胜利"，"定胜糕"之名由此而来。最初韩咏华每天步行四五十分钟拿到"冠生园"去寄卖，但为多挣点钱，她们又挎着篮子上街沿街叫卖。尽管梅夫人为顾及丈夫的面子，摘下眼镜，换上褂子，自称姓韩，但后来梅夫人挎篮卖"定胜糕"的事情还是传得众人皆知。

娇小玲珑的定胜糕承载着战争环境下人们维持生活的希望，也寄托着人们对抗战胜利的渴望。

五、来自前线的京城名点

笔者曾在杭州品尝过定胜糕，此糕尺寸略小于吃饭用的小碗，淡粉红色，形状似梅花，样子十分小巧可人。而"黄天荡之战"故事中所描述的定胜糕是"两头大，中间细"，在外形上，跟我吃到的那种定胜糕有很大不同。这主要是食品制作技艺传承容易受到多

梅花形状的定胜糕

---

① 潘光旦（1899—1967年），社会学家、优生学家、民族学家。

② 袁复礼（1893—1987年），地质学家、地质教育家。

种因素的影响，但我认为只要主要配料以及做法没有大的出入，模子形状可以随心所欲地变化，即便做个月牙形状的也可以叫"定胜糕"，大家认为呢？

定胜糕的制作方法比较简单，先将粳米粉和糯米粉放入盛器，加入白糖、红曲和少量清水，搅拌均匀，让其发酵1小时。然后再将发酵好的米粉放入模型内摁实，再用刀片将面上刮平，放入蒸笼中用旺火蒸20分钟，直至糕面结拢成熟即宣告完成。如将白糖换成桂花糖，那更是绝妙。试想在打开蒸笼的那一刻，沁人心扉的桂花香扑面而来，轻咬一口热气腾腾的定胜糕，香甜松软，完全激活了沉睡的味蕾，唇齿留香。

桂花香气浓郁，优雅怡人。金秋时节的杭州，繁花满枝，满城弥漫着桂花香，与杭城的美景相得益彰，令人怡情悦性。桂花是杭州的市花，我有个朋友是杭州人，他曾开玩笑说，你知道为何杭州种了这么多桂花树？因为杭州人喜欢吃桂花糖嘛。虽然定胜糕最早出现的地点未必真的在杭州，但如今它早已成为杭州的一张美食名片，名扬四方。

第三章

蒙古铁骑所向披靡的秘密

一、吃奶粉男人的战斗力

宝宝们都爱吃的奶粉，在诞生之初竟然是给男人吃的，而这群吃奶粉的男人绝非因为生病或者身体虚弱，恰恰相反，这是一群身体健硕、生龙活虎的男人。这是怎么一回事呢？

相传在蒙古大军第一次西征之前，一名叫慧元的蒙军将领偶然间发明了奶粉。首先将奶倒入大锅之中煮沸，然后捞出上层浓稠的部分，再把剩余部分放在太阳下暴晒，直到晒干成粉末。奶粉的诞生解决了军队长途跋涉时军粮携带、保存不便的难题，使士兵能够及时补充营养，也为蒙古铁骑驰骋沙场提供了极大的后勤支持。

公元13—14世纪，成吉思汗及其子孙所率领的蒙古铁骑是当时世界上最强大的军队之一，他们披坚执锐、摧枯拉朽般地席卷欧亚大陆，开疆拓土，灭国无数，建立起庞大的蒙古大帝国。在如此强悍的蒙古铁骑面前，即使是拥有高度文明的赵宋王朝也未能摆脱被其灭亡的命运。

公元1273年的正月，繁华的南宋国都临安还沉静在一片祥和的过年气氛之中，而在千里之外的襄阳却是另一番景象，城内丝毫感受不到春节的气息。自咸淳三年（公元1267年）以来，蒙古大军围困襄阳城已达6年之久，围城期间南宋朝廷虽组织多次救援，但由于蒙军实力强大以及宋军将帅之间内耗严重，数次救援均以失败告终。彼时的襄阳城内已经是"衣装、薪刍断绝不至"[1]的极度艰难局面。

襄阳自古以来就是兵家必争之地，其重要的战略地位，不仅在于其拥有足以自守的防御体系，更是因为它有四通八达的便利交通：顺江东下可挺进淮、浙，盘踞江东；往南可入江陵，沟通洞庭；沿汉水西上可达汉中，经略川陕；向北直穿南阳

---

[1]　[宋]佚名：《宋季三朝政要》卷四。

盆地，可以逐鹿中原。对立足于长江以南地区的南宋朝廷来说，襄阳城的得失直接关系到国祚。这也是蒙军死盯着襄阳不放的原因。

同年二月，在蒙军源源不断的强大攻势之下，孤城襄阳最终失陷，守将吕文焕举城投降；三年后，国都临安陷落；公元1279年，蒙古大军追击南宋残余势力至广东崖山，《宋史》中这样记载陷入绝境的南宋王朝：

> 至元十六年二月，崖山破，秀夫走卫王舟，而世杰、刘义各断维去，秀夫度不可脱，乃杖剑驱妻子入海，即负王赴海死，年四十四。[①]

双方在广东崖山海域爆发大规模海战，最终宋军败、崖山破，大臣陆秀夫[②]来到宋少帝赵昺所在的船上，深知他们已不可能逃脱，又怕小皇帝被俘受辱，于是先用剑把自己的妻儿赶入海中，随即背负着年仅7岁的赵昺投海自尽，南宋灭亡。天水一朝，共立国三百余载，其繁荣的经济和灿烂的文化令世界瞩目，但与之形成鲜明对比的是孱弱的外交和军事，在遭受契丹、党项、女真、蒙古等外族的军事侵扰下，宋廷只能卑辞厚币，称臣纳贡，最终北宋亡于女真，南宋亡于蒙古，可悲可叹！

似乎扯远了，说回到蒙古。蒙军强大的耐饥力与战斗力跟其完善的后勤补给是分不开的，除了传说中的奶粉，蒙古士兵们到底是吃什么的呢？下面就让我们来逐一揭开蒙古军粮的奥秘。

"军无辎重则亡，无粮食则亡，无委积则亡"，[③]粮草对于军队的重要性毋庸赘述。作为游牧民族，蒙军的补给方式与中原军队有着很大的区别，尤其在政权初立，开疆拓土时，其多采用"以战养战""因粮于敌"的掠夺性补给方式。《孙子》

---

① [元]脱脱：《宋史》卷四百五十一《列传》第二百一十。

② 宋末三杰之一，其余二人为文天祥和张世杰。

③ [先秦]孙武：《孙子》卷中。

有云："善用兵者，役不再籍，粮不三载；取用于国，因粮于敌，故军食可足。"①意思是说善于用兵的人，征战时不会再征集新的兵员，粮草也不会多次运送；武器装备皆从国内取用，粮草在敌国就地解决，如此军队的粮草补给就充足了。诸如契丹、女真等游牧民族早期也都采用这种方式来获取粮草和军需物资，契丹人将这种补给方式称为"打草谷"。"胡（契丹）兵人马不给粮草，日遣数千骑分出四野劫掠人民，号为'打草谷'。"②"以战养战"的补给方式既能快速凝聚军队战斗力，又能减轻行军负担，大大提高军队的机动性和灵活性；再加上蒙古军队以骑兵为主，所以往往能以最迅猛的速度对敌军进行出其不意的打击，在多次突袭战中效果更是显著。也正因为如此，蒙古铁骑在远离大本营的情况下依然能横扫敌国、所向披靡。

但是"以战养战"的补给方式也存在着很大的缺陷，因为粮草大部分需要从敌方掠夺而来，自身携带的粮草必然不多。而一旦守军采取坚壁清野的策略，坚守在城池里不正面交锋，在冷兵器时代，攻城战又极其难打，稍有不慎，不仅无法攻破敌方城池，自身还会有全军覆没的危险。

既然蒙军的后勤补给有如此巨大的破绽，而他们的对手之中又不乏将帅之才，为何会没有察觉到这个破绽并加以利用呢？原因其实很简单，蒙军的后勤补给并不单单依靠"因粮于敌"，他们还留有"后手"：

他们的食物是一切可以吃的东西组成的。实际上，他们烹食狗、狼、狐狸和马匹的肉，必要时还可以吃人肉……他们甚至还把母马生驹时分泌的液体及其马驹同时吞噬。更有甚者，我们还发现这些人吃虱子。③

那时的蒙古草原自然环境相当恶劣，天灾人祸往往会使人们失去牲畜和粮食，所以这段文字的描述虽然匪夷所思，但也反映出当时草原地区物资的匮乏。根据

---

① [先秦]孙武：《孙子》卷上。

② [宋]欧阳修：《五代史记注》卷七十二。

③ 耿昇、何高济译：《柏朗嘉宾蒙古行纪·鲁布鲁克东行纪》，中华书局，1985年1月，第41页。

《蒙鞑备录》所述：蒙古人所居的土地盛产水草，适合羊、马的生长。平时蒙古人"饮马乳以塞饥渴"，一匹母马的马奶通常可以供三人食用。蒙古军队在出征时通常采用一人多骑、羊马随行的方式，一名骑兵带六七只羊，一百名骑兵就有六七百只羊，声势格外浩大，场面十分壮观，相当于移动粮库随行。如果随行的羊群被吃尽，蒙军就进行狩猎，把猎捕到的兔、鹿、野猪等作为食物。这就是蒙军可以"屯数十万之师，不举烟火"的原因。以战养战，能抢则抢，抢不到就吃自己带的食物，自己带的吃完后还能通过狩猎来获取食物。①

二、成吉思汗军粮之"白食"

蒙古人的饮食通常以"白食"和"红食"为主，上文提到的马奶就属于白食，羊肉则属于红食。蒙古族尚白，认为其纯洁、高尚，蒙古人以白为贵体现在生活中的方方面面：

> 是日依俗大汗及其一切臣民皆衣白袍，至使男女老少衣皆白色，盖其似以白衣为吉服……臣民互相馈赠白色之物……②

同样，他们的饮食习惯也不例外，先白后红，无论是大小宴席还是招待贵客，或是日常往来，都以白食为先导。笔者也遵照蒙古人的传统，先从白食开始说起。

白食，顾名思义就是白色的食物，即"传统五畜"③的奶汁及其干制而成的奶制品，蒙古语称"查干伊德"，意为圣洁纯净。它在蒙古人的习俗中占据着重要的地位，在宴席开始之前，主人会按照客人的辈分和年龄依次敬奶，即使再盛大的宴席

① [清]曹元忠校注：《蒙鞑备录校注》。

② [意]马可波罗著、冯承钧译：《马可波罗行纪》，上海书店出版社，2001年8月，第224页。

③ 蒙古传统五畜为牛、马、山羊、绵羊、骆驼。

也绝不能漏掉一人，不然就是主人家最大的失误，也是对客人极大的不敬；如有亲人要远行，家中长者会祭洒鲜奶祝福其一路平安；若逢佳节庆典、生日周年，更以品尝白食为最高礼节；哪怕是在全羊宴这种全肉的宴席上，也要在羊头上抹一点黄油，以示白食为先。

蒙古大臣耶律楚才曾作《寄贾抟霄乞马乳》诗一首：

> 天马西来酿玉浆，革囊倾处酒微香。
> 长沙莫吝西江水，文举休空北海觞。
> 浅白痛思琼液冷，微甘酷爱蔗浆凉。
> 茂陵要洒尘心渴，愿得朝朝赐我尝。①

诗中提到的玉浆就是元玉浆，即马奶酒。但此酒并非普通的马奶酒，下文将会提到。元玉浆与醍醐②、麂沆③、野驼蹄、鹿唇、麋鹿肉、天鹅炙、紫玉浆④这八种佳肴并称为"蒙古八珍"，"八珍"通常出现于高级宴会上。西方旅行家将马奶酒称为"忽迷思"。其实"忽迷思"是突厥语，蒙语称之为"额速克"。

在成吉思汗时期，蒙古族马奶酒的酿造方法已十分成熟。《黑鞑事略》里有这么一段记载：

其军粮，羊与沛马。马之初乳，日则听其驹之食，夜则聚之以沛，贮以革器，颎洞数宿，味微酸，始可饮，谓之马奶子。⑤

蒙古人的军粮是羊和沛马。所谓的"沛"即手捻其乳。白天让马匹进食，晚上

---

① [元]耶律楚材：《湛然居士集》之《湛然居士文集》卷四。
② 从牛奶中提炼出的精华。
③ 獐的幼崽。
④ 葡萄酒。
⑤ [宋]彭大雅：《黑鞑事略》。

则将其聚集起来，挤出马奶，然后将新鲜的马奶倒入容器中，用特制工具拍打撞击数日，待马奶发酵变酸后，即可饮用。

在《鲁布鲁克东行纪》中也详细描述了蒙古人制作马奶酒的过程：他们会在地上插入两根木桩，在木桩之间拉一条长绳，然后将要挤奶的母马的幼马系在绳上三个时辰。这时母马会站在幼马附近，让人平静地挤奶。如有一头母马不安静，他们就会把它的幼马牵来吸点奶，然后牵走，再让挤奶人继续挤奶。马奶只要新鲜，就会像牛奶那样香甜，当他们取得大量的马奶后，就会把奶倒进大皮囊或袋里，开始用一根特制的棍子搅拌它，棍的下端粗若人头，并且是镂空的。他们会使劲拍打马奶使其起泡，再慢慢变酸发酵，然后他们继续搅拌直到取得奶油。这时品尝马奶，如果有微辣的味道，马奶酒的制作即可宣告完成。喝完后舌头上会残留杏乳的味道，能使人腹内舒畅，也会使人微醉，据说还很利尿。[1]

不过用以上工艺所制取的马奶酒品质较低，颜色白而混浊，味道酸且带膻，通常只有普通百姓和地位不高的人才会饮用，权贵们往往不屑一尝。在当时，上层社会饮用的马奶酒叫"哈剌忽迷思"，即黑马乳。在《元史·土土哈传》中对其有所记载："岁时挏马乳以进，色清而味美，号黑马乳，因目其属曰哈剌赤。"[2] "哈剌"一词在蒙古语中是黑色的意思，但黑马乳并不是黑色马匹的乳汁，而是因为其酒色清澈透明，如此称呼的缘由在《黑鞑事略》中也有所提及。

南宋官员徐霆曾出使过蒙古，记录了与"哈剌忽迷思"的一面之缘：

当年，徐霆来到金帐，鞑主赐其马奶酒。此酒"色清而味甜，与寻常色白而浊、味酸而膻者大为不同，名曰黑马奶。盖清则似黑"。徐霆问鞑主为何此马奶酒与寻常马奶酒不同，鞑主答道："此酒撞击拍打七八日之久，撞击的时间越长则越清澈，酒清则无膻味。"徐霆只在鞑主金帐中饮用过这种黑马奶，其他地方未曾见过。此

---

① 耿昇、何高济译：《柏朗嘉宾蒙古行纪·鲁布鲁克东行纪》，第214页。

② [明]宋濂：《元史》卷一百二十八《列传》第十五。

奶被其奉为玉食。①

酿制"哈剌忽迷思"需取精良马匹之乳，再使用特殊工艺，需要搅拌、拍打多日，搅拌、拍打时间越长久，酒质就越清澈，等酒中所有的混浊物沉底，清澈部分留在上面后，色清、味甜又无膻味的元玉浆就大功告成了。

元代许有壬在《马酒》一诗中写道：

> 味似融甘露，香疑酿醴泉。
> 新醅撞重白，绝品挹清玄。
> 骥子饥无乳，将军醉卧毡。
> 桐官闻汉史，鲸吸有今年。②

根据这首诗的描述来看，此马酒甘甜且醇厚，应该就是"哈剌忽迷思"。

冬季，由于草料奇缺，奶源就变得非常稀少。那冬天蒙古人要食用奶制品该怎么办呢？我们要始终坚信办法总比困难多。根据《鲁布鲁克东行纪》记载：他们首先会在牛奶中炼出奶油，然后把它完全煮干，再储藏在为此准备的羊胃里。因为奶油里不放盐，而且收得很干，所以不会变质。收炼奶油后剩下的奶，他们会让它变酸，再继续煮，使它凝结起来，然后在太阳下晒干，变得硬如铁渣，最后收藏在袋里以备过冬之用。在冬季没有奶时，蒙古人把这种称之为"格鲁特"的酸凝乳放入皮革中，浇上热水，使劲搅拌让其溶化，他们就喝这种酸奶饮料来代替牛奶。③

此方法真可谓一举三得：其一，通过加工，把不能长时间保存的鲜牛奶充分利用起来，获得奶油和酸乳块；其二，可以满足广大民众冬季吃奶食的需求；其三，酸乳块便于携带和保存，为军队提供了高质量的军粮。远征时，无需士兵们手动搅拌，只要将酸乳块放入马背上盛满水的皮囊中，通过马匹奔跑时的震动，就能使其

---

① [宋]彭大雅：《黑鞑事略》。

② [元]许有壬：《圭塘小稿》卷三。

③ 耿昇、何高济译：《柏朗嘉宾蒙古行纪·鲁布鲁克东行纪》，第215页。

奶豆腐

充分溶解。这样一来，骑兵们可以边行军边进食，不耽误行军时间。这也是蒙古军队"不举烟火"的原因之一。

　　蒙古族传统奶制品不仅种类繁多，且各具特色，奶豆腐与奶皮子就是另外两大美食名作。

　　奶豆腐，其实并非豆腐，只因其色白且状似豆腐而得名，蒙古语称之为"胡乳达"。其制作时节一般在奶源充沛的夏季，那时草原水草丰美，牲畜所产的奶质量较高。

　　其做法如下：

　　奶油既去，其下沉如豆腐汁者，煎既熟，盛木使成方块，大如砖，即以花纹切作长条或小方块。[①]

　　奶豆腐在制作过程中加糖即甜，如不加糖则微酸，可现吃，也可晾干后食用。

---

① 胡朴安：《中华全国风俗志（下编）》之《内蒙古风俗志》，河北人民出版社，1986年12月，第473页。

奶皮子

晾干后的奶豆腐能长时间存放，也是蒙军的必备军粮之一。

奶皮子，是蒙古人招待贵宾的一款佳品，营养价值极高。蒙语称之为"乌如木"。其制作方法如下：把鲜奶倒入锅中煮沸，然后用勺子反复上下扬洒，使其表面产生泡沫，泡沫越多，制作出来的奶皮子口感就越好。在多次扬洒起泡后，会形成油层，为使油层加厚，可加入生奶，熬制的时候要注意控制火候。等凝结物漂起后即可关火冷却，数小时后，蜂窝状的奶皮子已凝结成形。用工具将奶皮子取出后，放置于阴凉通风处晾干，晾干后即可食用。

蒙古族制作和食用奶制品的历史相当悠久，其族群分布又非常广泛，而食品的制作技艺又容易受到流传区域、食用群体、历史发展和社会文化变迁等多种因素的影响，往往会导致同一食品的制作技艺存在一定的差异。

三、成吉思汗军粮之"红食"

红食即肉类食品，蒙古语为"乌兰伊德"。古代蒙古人有"夏秋饮乳，冬春食肉"的饮食习惯。

据《黑鞑事略》所述：

> 其食，肉而不粒，猎而得者，曰兔、曰鹿、曰野彘、曰黄鼠、曰顽羊、曰黄羊、曰野马、曰河源之鱼。牧而庖者，以羊为常，牛次之，非大宴会不刑马。[1]

红食的主要来源为羊肉，其次是牛肉，骆驼、山羊等其他肉类再次之，马肉很少吃，几乎不吃。

在蒙古人的传统肉食中，有种肉食不能不提。它就是流行于蒙古族地区，上至皇宫贵族，下到平民百姓都喜爱的手把肉。它的历史最早可追溯至蒙古族统一草原之前或者更早。在长期的饮食发展过程中，他们不仅掌握了多种肉食制作的技艺，还形成了一套独特的风俗和规矩。

据道森的《出使蒙古记》记载：在日常生活中，蒙古人会将一只羊煮熟，通常可供五十到一百人食用。他们将羊肉切成小块，放在盛有盐和水的盘子里，然后用一把小刀的刀尖取肉，根据客人的数量，请他们各吃上一到两口。在开始吃羊肉之前，主人通常会把喜欢的那部分羊肉吃掉。如果主人给任何人一份特殊的羊肉，那么按照他们的风俗，这人必须亲自把这份肉吃掉，而不能转赠他人。如果不能把肉全部吃完，他可以带走，或交给仆人替他保管，也可以放在随身携带的袋子里。他们也把暂时来不及细啃的骨头放在袋里，以便日后可以继续啃食，以免浪费食物。[2]

---

[1] [宋]彭大雅：《黑鞑事略》。

[2] [英]道森著，吕浦译、周良霄注：《出使蒙古记》，中国社会科学出版社，1983年10月，第116页。

时至今日，手把肉仍是蒙古族最具特色的肉食之一。现代手把肉的普遍吃法是：一手拿刀，一手抓肉，割一块吃一块，不是切着吃，而是剔着吃。对于没有吃惯手把肉的人来说，想要把这些嵌在骨头缝里的肉吃干净着实要花一番工夫才行。而且吃肉时的用刀方式也极有讲究，刀刃必须朝内，不能朝外，不然会被视为不尊重他人。一般所说的手把肉专指羊肉，至于味道究竟如何，汪曾祺先生曾评价道："在我一生中吃过的各种做法的羊肉中，我以为手把羊肉第一。如果要我给它一个评语，我将毫不犹豫地说：无与伦比！"

在内蒙古地区的特产商店里，最显眼位置往往会摆放着各种包装的"风干牛肉"供顾客挑选，而这些"风干牛肉"的包装上都会有几个很醒目的字——成吉思汗军粮。风干牛肉的确拥有作为军粮的全部特征：体积小、质量轻、营养高、易储存、便携带。我们的脑海里会不自觉地出现蒙古骑兵边嚼着肉干，边横扫敌军的画面，正因为有风干牛肉这种压缩军粮的出现，蒙军才能"来如天坠，去如电逝"。

不过当年蒙军所食用的风干牛肉跟现今的有很大区别，在NHK所拍摄的纪录片《大蒙古帝国》中有一段对风干牛肉的详细介绍：蒙军对外征战时，马匹上会驮着由牛膀胱所制成的袋子，这种袋子十分结实，据说可以装下一头牛所制成的肉粉，蒙语叫作"布勒剌"。"布勒剌"的制作周期比较长，蒙古人会把夏季养肥的牛进行宰杀，取出脂肪较少的红肉，并切成厚厚的肉条。然后将肉条挂在阴暗的房子里，蒙古草原冬季的低温会使房子变成一个天然的大冷库。经过长时间的风干，肉中已无水分，所以不会腐败变质，重量也只有原来的五分之一。这时用锤子对这些坚硬的肉进行敲打，敲打后的肉基本只剩下纤维，再将其撕碎放入捣臼内捣碎。这个过程会进一步压缩牛肉，使肉块的体积缩小至不到原来的十分之一。最后将这些压缩好的牛肉粉装入牛膀胱制成的袋子里，"布勒剌"的制作即告完工。一袋子布勒剌可供10位士兵食用3周。因此，可以通过马匹上布勒剌的数量来预估这次战争的规模和时间。

这些纤维化的牛肉只要在开水里一泡，就是一碗牛肉汤，喝下去自然解渴又充饥，还能暖身。不过既然是用来喝的，那就需要准备锅碗等器皿，还必须生火烧水，如此一来，不仅加重了军队的负担，行军的效率和速度也会大打折扣。因此风干牛肉只能作为辅助性军粮，蒙军的军粮主要还是奶制品。

蒙古军队补给方式的多样性和军粮品种的独特性既保证了军队的战斗力，又巧妙地解决了粮草输送问题。而处于农耕区的中原军队实行的是军需国家供给制度，通常是主力部队负责战斗的同时，专门划出一部分军队作为辎重部队来押运粮草，又或者由后方军队进行押运。不过辎重部队在运送途中往往会损耗大量粮草。正所谓：

> 六斛四斗为钟，计千里转运，二十钟而致一钟于军中也。[1]
> 石者，一百二十斤也。转输之法，费二十石得一石。言远费也。[2]

意思是说，六斛零四斗相当于一钟，以一千里运输距离来计算，把二十钟粮草送往军队，送到只剩一钟。一石相当一百二十斤，二十石粮草实际运到只剩一石。远距离运输耗费大、效率低，二十才得其一。最令人头疼的是，中原军队还要时刻担心这漫长又脆弱的粮道被敌方截断。所以两种补给方式一比较，高下立判。战争还未开始，胜负天平就已悄然倾斜。

奶制品和肉制品的营养非常高，单位热量是小麦和稻米的两到三倍。假设双方军队携带相同数量的粮食，携带奶、肉制品的军队就要比携带米、面的军队多坚持两到三天，而这多出来的几天往往能改变整个战局的走势。不仅如此，蒙古军粮食用起来非常方便，当对手忙着埋锅造饭的时候，蒙古士兵只需要吃几块奶和肉就又可以重新投入战斗。

---

① ［宋］李昉：《太平御览》卷第三百三十二《兵部》六十三。
② ［宋］吉天保：《十一家注孙子》卷上。

四、干湿两吃的勒巴达

虽然蒙古族一直以来都是以游牧为主，但农业作为其补充经济也长期存在。不过由于受到地理位置、气候环境、生产力水平及生产工具等各种因素的影响，早期的蒙古农业发展存在很大的不平衡性。进入元朝时期后，得益于上层阶级对农业态度的转变以及一系列农业保护措施的颁布与实施，农业得到了大规模发展。

元人忽思慧的《饮膳正要》中有不少关于蒙元主食的记载：

皂羹面、羊皮面、秃秃麻食、细水滑、水龙子、鹿奶肪馒头、水晶角儿、酥皮庵子、撒列角儿、莳萝角儿、荷莲兜子、天花包子、乞马粥、汤粥、粱米淡粥、河西米汤粥……

可见蒙古人在入主中原占据大量农耕区后，主食与点心的种类已非常丰富，其制作工艺也显著提高。

上述那些美食光听名字就令人垂涎三尺，但作为军粮随身携带却并不合适。蒙军的谷物军粮是一种叫作炒米的食品，在《饮膳正要》和《元史》中多次出现关于炒米的记载：

上等紫笋五十斤，筛筒净，苏门炒米五十斤……磨之成茶。[1]
二十七年……九月壬寅，河东山西道饥，敕宣慰使阿里火者炒米赈之。[2]
丙辰，给月儿鲁、秃秃军炒米万石。[3]

炒米在蒙古语中被称为"勒巴达"，它的原料为糜米。糜子生育期短，耐旱、

---

① [元]忽思慧：《饮膳正要》卷二。

② [明]宋濂：《元史》卷十六《本纪》第十六。

③ [明]宋濂：《元史》卷十八《本纪》第十八。

糜子   炒米

耐贫瘠，能适应较为恶劣的自然环境。"勒巴达"的一般做法是先将糜子放入水中浸泡，去掉杂质。然后将洗净的糜子放入锅中，用温火煮到半熟后取出。随后在锅中放入干净的细沙，待沙子烧红后放入糜子，再用铲子快速搅拌翻动。把米炒干后，用筛子把细沙过滤干净。最后用碾子将其去皮，美味的炒米就大功告成。其食用方法也非常简便，既可以用茶水浸泡食用，也可直接干食，上面引文中的"紫笋"，即茗茶之一种。炒米含水量低，耐贮存，易携带，军粮的大家庭中自然少不了它。

五、一支茹毛饮血的军队

战场的情况瞬息万变，计划永远赶不上变化。在给养不足的情况下，蒙军会通过狩猎来获取食物，而在情况危急时，士兵们甚至会饮用马血来充饥。

设须急行，则急驰十日，不携粮，不举火，而吸马血，破马脉以口吸之，及饱则裹其创。①

他们会割开马的静脉，让马血喷进嘴里，喝够后再为马止血。蒙古士兵战时携带数匹马，他们可以依靠马血存活好几天，但这样做最终会导致马匹大量伤亡。马匹对于蒙古人来说既是生活资料也是生产资料，所以不到万不得已时他们绝不会这样做。

说来也巧，就在写这篇文字的时候，我的一位朋友正好去内蒙古旅游，回来带了几包奶酪和风干牛肉给我，说是当地特产。奶酪的包装上写着是采用古老的制作方法熬制而成，打开包装袋就能闻到淡淡的酸奶香，品尝后，感觉味道略酸，甜味不明显；风干牛肉呈块状，每块的体积都不大，拿起一块直接往嘴里送，发现咀嚼起来十分费劲，最后花了不少工夫才勉强下咽。有了第一块的失败经历，在吃第二块的时候就有经验了，先用手捏着肉块，再顺着肉的纹路用牙齿撕下几条肉丝慢慢咀嚼，果然是嚼劲十足、回味无穷，几块下肚就已有饱腹感。

奶酪
作者自摄

---

① [意]马可波罗著、冯承钧译：《马可波罗行纪》卷一，第154页。

流风遗韵篇

（张金贞）

第一章

食香馔芳——宋代的花馔

百花生日是良辰，未到花朝一半春。

红紫万千披锦绣，尚劳点缀贺花神。^①

诗中所吟的"花朝"即百花的诞辰，中国古代以农历二月十二日为花朝节。百花各有诞辰，也各有司花之神。旧时，江南有花神崇拜的习俗，尤其是苏杭地区，至今仍留有不少花神庙遗址。

就拿苏州城来说吧！旧时，苏州山塘一带的花神庙可谓星罗云布，此地最早的花神庙为桐桥花神浜花神庙。相传，该庙的花神姓李，冥封永南王，旁列十二花神，即正月梅花神寿阳公主，二月杏花神杨玉环，三月桃花神息夫人，四月牡丹花神丽娟，五月石榴花神卫氏，六月荷花神西施，七月葵花神李夫人，八月桂花神徐贤妃，九月菊花神左贵嫔，十月芙蓉花神花蕊夫人，十一月茶花神王昭君，十二月水仙花神洛神。^②

不过，各地十二花神的说法不一而足，甚至还有男花神之说，本文暂不赘述。

四时交替，一年之中，百花各循时节相继绽放。据此，我国古代物候学有"二十四番花信风"之说，此说源自南唐徐锴的《岁时广记》，最早称"花信风"。所谓的花信风，原指春日因循花期而至的时风。二十四番花信风始于小寒，以梅花为先驱，终于楝花。后来，明初的王逵在《蠡海集》中记录了一套完整的二十四番花信风理论。

花信风可视为花儿与风之间的一场约会，一番风如期而至，一种花随之而开。一候吹开梅花，二候吹开山茶，三候吹开水仙……直到春日将尽，荼蘼与楝花接踵

---

① ［清］顾禄：《百花生日》，《清嘉录》卷二。

② 孙中旺：《漫谈山塘花神庙》，《江苏地方志》2006年第2期。

而至，俗语云：开到荼蘼花事了。至夏季的第一个节气——立夏，便是"三春过后诸芳尽"的景象。到芒种，古代女子有送别花神的旧俗，江南一带尤盛。

二十四番花信风[1]

节气	一候	二候	三候
小寒	梅花	山茶	水仙
大寒	瑞香	兰花	山矾
立春	迎春	樱桃	望春
雨水	菜花	杏花	李花
惊蛰	桃花	棣棠	蔷薇
春分	海棠	梨花	木兰
清明	桐花	麦花	柳花
谷雨	牡丹	荼蘼	楝花

从文化视角来说，花事是古代文人永不言倦的话题。由饮馔方面视之，花也已经全方位融入古人的生活里。百花之中，可食用者不胜枚举。南宋林洪[2]的《山家清供》一书中择取约20道与鲜花相关的肴馔，这一道道弥漫着人间烟火气息的菜肴竟也能拥有这般高雅非凡的风骨。

---

① 作者自绘，资料参考明代王逵的《蠡海集》。

② 林洪，字龙发，号可山，南宋晋江安仁乡永宁里可山（今石狮市蚶江镇古山村）人，其生卒年已不可考，曾在绍兴年间（公元1131—1162年）高中进士。

《水仙》
元代赵孟頫绘
台北故宫博物院藏

《花篮》
宋代李嵩绘
台北故宫博物院藏

《早春图》
宋代郭熙绘
台北故宫博物院藏

一、春日之芳

（一）宋高宗吴皇后的招牌花馔

靖康之变后，被金兵押解北上的曹勋受宋徽宗之托，企图逃遁。临行之前，赵构的元配邢秉懿取下一只金耳环，令人交与曹勋，请他代为转交给赵构，并赠言："幸为吾白大王，愿如此环，得早相见也。"[1]赵构得到这件信物后，如获至宝，一直带在身边，并遥册邢氏为皇后。

金人得知赵构即位的消息后，恼怒万分，将其生母韦贤妃、妻姜邢氏与姜氏，以及他的两个女儿都送入金人的官营妓院——洗衣院。直到绍兴五年（公元1135年），金人才将韦氏、邢氏等人送至五国城安置。绍兴九年（公元1139年），遭受十余年屈辱生活的邢氏逝世于五国城，死时才34岁。直到绍兴十二年（公元1142年），宋高宗赵构才得知邢氏已死，此时中宫已经虚位长达十六年。而十六年来，他一直未曾立后。

得到爱妻的死讯之后，高宗终日郁郁寡欢。他的继妻吴氏深能体察圣意，于是恳请自己的两位侄儿吴珣、吴琚分别迎娶邢氏娘家的两名女子为妻。[2]这位吴氏，就是宋高宗的宪圣慈烈吴皇后。

吴氏是一位才貌双全的女子，据《宋史》载，吴氏"博习书史，又善翰墨"[3]。

在生活上，吴皇后向来淡泊节俭，不嗜杀戮。她时常采摘牡丹花瓣与后苑进献的时蔬一起烹制，有时用少许面粉包裹，入油锅炸至酥脆。吴皇后素喜天然之物，

---

① ［元］脱脱：《宋史》卷二百四十三《列传》第二。

② ［元］脱脱：《宋史》卷二百四十三《列传》第二。

③ ［元］脱脱：《宋史》卷二百四十三《列传》第二。

经常收集杨花用于制作鞋垫、袜子、毡子、褥子等生活用品。①

吴氏钟爱的牡丹花，其妙用颇多："（牡丹花瓣）汤焯可，蜜浸可，肉汁脍亦可。"②

成书于宋代的《客退纪谈》记载，一位姓孟的朋友客居蜀地时，每年春天，兵部李尚书必定会以新鲜牡丹花与兴平酥相赠，且曰："待牡丹花凋谢之时，用兴平酥与花瓣相煎后食用。"兴平今属陕西省，宋时的兴平以产酥而名满天下，故名。酥，即酪经过煎炼后的产物，酪则是精炼提纯后的乳制品。李尚书以优质的兴平酥煎制牡丹花，想必是一位风雅又讲究的吃货。牡丹花的口感略有清苦，与酥煎制后可减轻这种苦味，同时经酥的提味后自然馨香馥郁，啖之甘芳溢口。花香幽幽，还可减轻油腻之感；乳香醇厚，又平添几许韵味，两者相得各取其妙，其味无穷。一朵朵姹紫嫣红的牡丹在素净的白瓷盘中倏然绽放，赏心悦目、浓香盈室，令人馋涎欲滴却又不忍下箸。

（二）"莼鲈之思"的误会

"滑忆雕胡饭，香闻锦带羹。"③杜甫诗中所提到的雕胡饭即我国已经失传的菰米；莼菜萦纡如带，故普遍观点认为，杜先生所咏的锦带羹即莼菜羹。莼菜主要产于江南一带，自古以来，江南百姓好以莼羹为食。莼菜原本无味，却妙在入口之际那种柔嫩幼滑的质感。据史料

锦带花

---

① [宋]陈达叟等：《蔬食谱·山家清供·食宪鸿秘》，第48页。

② [清]顾仲：《养小录》卷中。

③ [唐]杜甫：《江阁卧病走笔寄呈崔卢两侍御》，[清]卢元昌：《杜诗阐》卷三十二。

记载："莼鲈同羹，可以下气止呕。"①莼菜的清新爽滑与鲈鱼的细嫩鲜美相得益彰，莼鲈同烹后的肴馔，入口清爽无比、美妙绝伦，难怪会勾起张翰的"莼鲈之思"。

西晋时期，吴中人张翰被任命为齐王司马冏的东曹掾②。他客居洛阳时，见秋风乍起，于是不禁思念起故乡吴地的菰菜、莼羹和鲈鱼脍，此时的张翰幡然醒悟，自语道："人生贵在顺心快意，怎么能饱受羁旅之苦与思乡之愁，于数千里之外来此地求取功名利禄呢？"话毕，命人驾车返乡。③不久，齐王冏的政治生涯面临日暮途穷的地步，不少人说张翰早已窥见端倪。后来，"莼鲈之思"一词就成为思乡之情的代称。关于"莼鲈之思"这段史料，《世说新语·识鉴》中这样记载：

> 张季鹰辟齐王东曹掾，在洛，见秋风起，因思吴中菰菜羹、鲈鱼脍。④

但是，《晋书·张翰传》一篇里却在菰菜与鲈鱼脍之间凭空增加一道"莼羹"。北魏的农书《齐民要术》记载，莼菜是春夏时节的蔬菜，而《晋书》的作者唐人房玄龄等人为何会犯如此低级的错误呢？

隋朝至盛唐是中国历史上气候变化的一个温暖期，这一阶段的气候相较于魏晋南北朝时期有明显转暖的现象。根据生活经验，水热条件的改变必然会影响植物生长繁荣的周期。所以，唐人在秋季享用莼菜，并非无稽之谈。故而，"莼鲈之思"也许是唐人的一个美丽的误会。

不过，杜甫笔下的"锦带羹"一定指莼菜羹吗？我想未必。早在唐代，荆湘一带也有一种名唤"锦带"的花。此花条生，红白如锦，至春末时节方开，初生的嫩叶可以食用，口感柔脆，人们又称其为"文官花"。⑤宋代的林洪在《山家清供》中

---

① [明]张萱：《疑耀》卷五。

② 掾：原为辅佐的意思，后为副官佐或官署属员的统称。

③ [唐]房玄龄：《晋书》卷九十二《列传》第六十二《文苑》。

④ [刘宋]刘义庆等著，张万起等译注：《世说新语》之《识鉴》第七，中华书局，1998年8月，第361页。

⑤ [唐]杜甫：《江阁卧病走笔寄呈崔卢两侍御》，《分门集注杜工部诗》卷十六。

作"文冠"。林洪归隐山林时，发现一些山民以此花为馔，滋味甚佳。[1]

（三）古代的"化工原料"能做菜？

昔年，林洪曾拜访宰相刘漫塘。时近中午，对方留他小酌。席上惊现一道清雅芬芳的美馔，不禁令人馋涎欲滴。叩问后得知，此馔为栀子花所烹。其法为：采摘大朵饱满的栀子花，用热水焯后沥干水分，随后裹一层和入甘草水的薄面粉，再入油锅煎，名曰"檐卜煎"，又名"瑞木煎"。一道新鲜出锅的檐卜煎，颇有"清和"之风。杜甫赞其"于身色有用，与道气俱和"[2]。

每年端午前后，满树的栀子花在淫雨霏霏中悄然盛开。当它的香气四处氤氲之时，那意味着夏天即将到来。据传，栀子之名源于古代的酒器——卮。由于栀子的六瓣大花朵形似酒卮，古人便将这种植物唤为栀子。早在两千多年前，文献中就出现了栀子花的倩影。西汉时期的司马相如曾作《上林赋》，文中有"鲜支黄砾，蒋芋青薠"之句，此处的鲜支，即栀子。

司马迁在《史记·货殖列传》记载："若千亩卮茜，千畦姜韭，此其人皆与千户侯等。"[3]也就是说，在早期，如果常人能拥有千亩栀子与茜草，千畦生姜和韭菜，堪比一个千户侯。此话从何说起呢？

也许，将归途中不经意间邂逅的栀子捎回，悉心供养在家中，从此"相（香）看两不厌"，便是你在这一花季中对它的全部珍爱与呵护。而在古代，栀子的花事远比今天来得盛大，除却用于烹饪之外，更多时候被用作染料。所以，要体会坐拥"千亩卮茜"的心情，还得从古代的织染工艺开始谈起。

说到染织工艺，先分析一下"染"字的构造。古人通常利用矿石与植物为织物染色，其中以草木染为主流，故"染"字从木。再者，染料须加工成液体，故该字

---

① [宋]陈达叟等：《蔬食谱·山家清供·食宪鸿秘》，第20页。

② [唐]杜甫：《栀子》，[清]陈祥裔：《蜀都碎事》卷二。

③ [汉]司马迁：《史记》卷一百二十九。

又从水；至于"染"字上的"九"，则是染色须反复进行的形象表述。所以，"染"字是古人对植物染色这种工艺的最好诠释。

早在周朝，国家就设置专门职掌染布工艺以及收集植物染料的官员。古人染出的各种色彩中，以黄色最为考究，也最受世人垂青。他们极尽"造色"之能事，用许许多多灵动的词汇描摹出各种深浓浅淡的黄色：缃、蒸栗、郁金、松花、秋香、赤黄、柳黄、鹅黄、藤黄、杏黄、柿黄、栀黄……

自古，华夏文明就有崇尚黄色的传统。根据《礼记》，黄在五行中对应土。在上古神话中，有女娲抟黄土造人的传说；在历史上，黄土高原又是中华文明的重要发源地之一。可以说，华夏先民生于黄土又居于黄土。因此，对于黄皮肤的中国人来说，黄色的崇高地位自然不言而喻。从方位上来说，黄对应中。华夏民族以中为贵，中高于四方。古人用黄色形象地表现"中"这一方位概念，也就不难理解了。

在服饰方面，黄色被官方推崇始于汉代。至唐初武德年间（公元618—626年），高祖李渊将赤黄色用于自己的袍衫上，并明令士庶不得以该色作为衣服或者其他饰物的色彩。武德四年（公元621年）八月，高祖下诏对朝廷各级官员、流外及庶人的服色与配饰做出具体规定，其中对黄色这样限定："流外及庶人服䌷、絁、布，其色通用黄。"[1]也就是说，彼时，黄色并非是帝王的专属，它是一种寻常百姓可以染指的普通色，只有赤黄色才是皇帝的专用色。黄色作为帝王的御用服色一直沿用至清，但其色调各朝各代不尽相同。

在古代，从栀子、荩草、槐树、姜黄、黄芩、郁金、黄檗、黄栌、地黄、柘树、栾树等天然植物中萃取的汁液，都是绝佳的黄色染料，其中以前四者最为典型。这些植物精髓能牢牢地附着在织物上，即使年逾数千载，依旧光鲜动人。

栀子是古代染黄所用最多的染料之一，与其并称的茜草则是重要的红色染料。在传统中国，红色也是一种尊贵的颜色，先民们对这种色彩的热衷可上溯至原始社

---

① [五代]刘昫：《旧唐书》卷四十五《志》第二十五。

黄纱地印花敷彩丝绵袍
长沙马王堆汉墓出土
湖南省博物馆藏

会，这从考古遗存中可窥一斑：山顶洞人曾用红色的矿物染料为贝壳与石头染色；生活在新石器时代的陕西华县先民还用红色矿物染麻布。至商周时代，茜草也被当作一种红色染料。茜草经套染后，可以得到多种色调各异的靓丽的红色。

至汉代，栀子与茜草这两种主要染料已被大规模种植。《汉官仪》有"染园出卮茜，供染御服"这样的记载。故而，对于普通的百姓来说，坐拥"千亩卮茜"的满足感，想来能与君临天下相媲美。

（四）最早将鸦片当饭吃的时代

据中国毒品史专家苏智良介绍，我国并不是罂粟的原产地，在西方广为人知的中国罂粟，实际上是郁金香。此处所谓的罂粟，一般特指具有特殊功能的鸦片罂粟。一百多年前，鸦片曾大肆荼毒我中华大地，致使后世仍心有余悸，谈"鸦"色变。

鸦片又叫阿片，俗称大烟，源于罂粟植物蒴果。其实，早在大英帝国将鸦片引入之前，我国就已经有种植罂粟的历史，时间可追溯至唐宋时代。在唐代，罂粟及其制品由阿拉伯商人传入我国，此后不久，先民们就开始小规模栽种。据唐代陈藏器所著的《本草拾遗》记载，"（罂粟）囊形如髇头，箭中有细米"，所以，罂粟又名米囊。彼时，它还是一种罕见的植物，故有"万里客愁今日散，马前初见米囊花"[1]的吟诵。

至宋代，罂粟开始广泛种植和应用，此为中国罂粟史上的重要阶段之一。关于"罂粟"之名，南宋梁克家的解释可谓一针见血："实如小罂，子若细粟。"罂是古代的一种酒器，为大腹小口的造型，用于形容罂粟果实甚是贴切。宋时的罂粟也称罂子粟、莺粟、樱粟、象谷、米囊、御米等。[2]将罂粟子称作"御米"，足见其珍贵，甚至可以推断它是宫廷御膳的食材之一。

宋代不少士大夫亲自种植罂粟，并赋诗记录全过程：

唐代青瓷褐彩云纹盖罂
杭州市临安区博物馆藏

---

① [唐]雍陶：《西归出斜谷》，《全唐诗》卷五百十八。

② 程民生：《宋代的罂粟》，《国际社会科学杂志（中文版）》2016年第3期。

前年阳亢骄，旱日赤如血。万里随羽书，挥鞭无留辙。

炎毒乘我虚，两岁苦病暍。遇夏火气高，烦蒸不可活。

饱闻食罂粟，能涤胃中热。问邻乞嘉种，欲往愧屑屑。

适蒙故人惠，筠篦裹山叶。堂下开新畦，布艺自区别。

经春甲未坼，边冷伤晚雪。清和气忽动，地面龟兆裂。

含滋竞出土，新绿如短发。常虑蒿莠生，锄薙不敢阙。

时雨近沾足，乘凌争秀发。开花如芙蕖，红白两妍洁。

纷纷金蕊落，稍稍青莲结。玉粒渐满房，露下期采折。

攻疾虽未知，适愿已自悦。呼童问山鼎，芳乳将可设。①

前两年，诗人深受酷暑的侵害，以致每一入夏便燥热难耐、苦不堪言。他时常听闻食罂粟可祛除胃中热毒，于是便向邻人求取良种栽种。经冬涉春，引颈企盼着，终于等来春日里的惠风，堂下新开的畦田里竞相冒出一抹抹新绿。诗人喜出望外，时时勤加照看，勤耕不辍。新发的罂粟苗饱经雨露的滋养之后，出落得愈发亭亭玉立，直至"开花如芙蕖，红白两妍洁"。罂粟花妍姿艳质，与莲花一样有红白两色。待花蕊纷纷凋谢后，如青莲蓬一般的罂粟果便悄然孕育出来。踏着晨露，摘下腹部饱满的罂粟果，将它细细研碎后调入醇香四溢的乳汁中，这也是一个绝妙的吃法呢！诗人以为，此物能否疗疾尚未可知，但这个过程其乐无穷。

除"研作牛乳"以外，罂粟还可"烹为佛粥"②。"佛粥"即罂粟籽实所煮之粥，也称"僧粥"。令人诧异的是，在宋代，这种食后使人恍惚迷离的东西竟与佛教或僧人渊源颇深。个中原因，值得深究。苏轼谪居惠州时，曾收到罂粟与咸豆等食物，其赠送者就是来自广东南华寺的一位禅师。

罂粟的妙用不仅仅限于烹粥或调制乳品，宋人还将它当成菜肴，以罂粟为食材

---

① [宋]李复：《种罂粟》，《潏水集》卷十。

② [宋]陈景沂：《杂音》，《全芳备祖（前集）》卷二十七《花部》。

的罂粟腐与罂乳鱼是宋代两大名馔，深得士大夫青睐。

宋代吴则礼有诗云："罂粟作腐杏成酪，来问白苏侬饱知。"[①]诗中所吟的正是罂粟腐。罂粟腐的烹制手法极为简便，宋代陈衍的《宝庆本草折衷》对此有相关记载：取成熟罂粟果内的籽实，研细后去滓取汁，加热煮沸后洒入少许食醋。未几，罂粟汁便坚结如乳片，时人谓之罂粟腐。此馔可润肺、开胃、疗渴，但切忌多食，以免伤脾。

烹煮罂乳鱼，醋依旧不可或缺。先将罂粟果中的粟粒洗净，随后置于缸内，用绢囊过滤后入锅煮，待稍稍沸腾，即时洒入少许淡醋以利于凝固，继而再放入囊中压成块状。将小粉皮铺甑上，放入乳块一同蒸熟，再略洒几滴红曲水，稍蒸片刻后取出，切成薄薄的鱼片状，名曰"罂乳鱼"。[②]

此菜的烹制过程中，从头至尾竟未出现鱼的身影，但"罂乳鱼"之名却带给食客以无限遐想。罂乳鱼，洁白温润之中氤氲着罂粟的清芳，看似质朴清雅却萦绕着魅惑撩人的迷雾，品之微带苦涩，却令人飘飘欲仙。

单凭一味罂粟，就可以让你大显神通，摆上一小桌简易的晚餐：佛粥、罂粟腐、罂乳鱼，似乎还缺个蔬菜。别急！神奇的罂粟会为你排忧解难。北宋苏辙夸赞罂粟"苗堪春菜，实比秋谷"，南宋士大夫许纶也有"采苗能胜芹，摘实可当粟"[③]之句。那还等什么？掐下鲜嫩的罂粟苗炒一个清淡的素菜吧！

除却满足口腹之欲以外，古代医书对罂粟的药效也有着连篇累牍的记载。南宋理学大师朱熹患过严重的脚气病，以致"步履既艰，刺痛间作，服药不效"。于是，

① [宋]吴则礼：《堈请作枣伙诗》，《北湖集》卷二。

② [宋]陈达叟等：《蔬食谱·山家清供·食宪鸿秘》，第45页。

③ [宋]许纶：《罂粟》，《涉斋集》卷十四。

《罂粟》
宋代艾宣绘
台北故宫博物院藏

有人便推荐了医家张修之为其诊治，最初以黄芪、罂粟壳等诸味药材煎服，略见成效，之后再用其他药物"穷追猛打"。不久，朱熹竟然痊愈了。①

正因为宋人在最大程度上对罂粟的良性功能进行开发，从唐至宋这一历史时期，罂粟的地位发生了翻天覆地的变化。五代时期的张翊在《花经》中，将花卉分为九品，罂粟花仅列为"七品三命"。入宋以后，其身份日益尊贵。宋代学者洪适赞其"美艳压群花"，更有甚者奉此花为花王。

谁知，短短数百年之后，罂粟的"潘多拉魔盒"被打开，几乎给国人带来了灭顶之灾。罂粟本无辜，却须由它来承担这万般罪名，在此为它喊冤一回吧！

---

① ［宋］蔡沈：《朱文公梦奠记》，曾枣庄、刘琳主编，四川大学古籍整理研究所编：《全宋文》卷六八八五，上海辞书出版社、安徽教育出版社，2006年1月，第412—413页。

（五）最富母子情怀的花馔

在我国的文化传统里，古人
赋予萱草丰富的文化内涵。嵇康
曾说："合欢蠲忿，萱草忘忧。"
没错，萱草就是本世纪初流行歌
曲中所传唱的"忘忧草"；据《风
土记》的说法，妊娠期妇女佩戴
此草可生男孩，因此，它又是"宜
男草"；典籍中还有"北堂幽阴之地，可以种萱"①的记载。在古代，北堂代表母亲。
游子将要远行时，事先在北堂栽种萱草，以此花减轻慈母的思念之情。所以，萱草
还是中国的康乃馨。

萱 草

萱草更是一种佳蔬，宋人习惯在春日里采摘其苗，入汤中煮，以酱醋为佐料食
用，或者不做成羹汤，而与肉一同烹煮。林洪在《山家清供》中提到，何处顺在六
合为官时经常食用此物，或许是因为边事未宁而未忘忧，于是叹曰："春日载阳，
采萱于堂。天下乐兮，其忧乃忘。"②

萱草，也就是所谓的"黄花菜"。人们常以"黄花菜都凉了"这句话表示为时
已晚。然而，凉拌黄花菜的口感却并不输于寻常热菜。此菜的滋味难以名状，或干
或鲜，各有滋味。它香气特殊，微酸而不恶，柔中带韧，韧中带滑，我尤其享受此
菜在鼓鼓的腮帮内与牙齿一齐演绎的双重奏——那不绝于耳的"咯嘣咯嘣"的响声。

时人尤好以晒干后泡发的黄花菜炖五花肉。黄花菜能吸收肉质中的油腻成分，
又赋予肥厚的肉块以山野间的芬芳。其实，新鲜采摘的黄花菜口感更为鲜美嫩滑，

---

① ［宋］王楙：《野客丛书》卷十。

② ［宋］陈达叟等：《蔬食谱·山家清供·食宪鸿秘》，第46页。

但它含有"秋水仙碱"。这种物质本身虽无毒素，却会在体内氧化为具有较大毒性的"二秋水仙碱"。所以，食用新鲜黄花菜前，应先将其用开水焯过，再在清水中浸泡两小时以上，捞出清洗后炒食，经过此番处理后方可尽情享用。

（六）最伤感的花馔

宋人赵岩云尝以荼蘼待客，并寄诗给林洪，诗曰：

> 好春虚度三之一，满架荼蘼取次开。
>
> 有客相看无可设，数枝带雨摘将来。

起初，林洪将信将疑，以为荼蘼不宜食用。一日，他前往灵鹫拜访僧人蘋洲。午膳时分，蘋洲大师以异常香美的粥品款待，此粥正是荼蘼粥。晚春时节，荼蘼怒放，此时最宜将其用于烹饪。采撷花瓣，用甘草汤稍加焯煮。等粥熟透后，将花瓣撒入锅中同煮。随后，采几片木香嫩叶入汤中一焯，再佐以麻油和盐，一道芳香流溢的素斋即成。[①]

古人还将荼蘼用于酿酒。唐代宰相李绛因直言劝谏，被宪宗称为"真宰相"，还收到御赐的荼蘼酒。至宋代，荼蘼所酿之酒也深受文人雅士的推重，宋人有诗云：

> 下腾赤蛟身，上抽碧龙头。
>
> 千枝蟠一盖，一盖簇万球。
>
> 花开带月看，香要和露收。
>
> 一点落衣袂，经月气未休。
>
> 一摘入酿瓮，经岁味尚留。[②]

---

① [宋]陈达叟等：《蔬食谱·山家清供·食宪鸿秘》，第34页。

② [宋]谢克仁：《五言古诗散联》，[宋]陈景沂：《全芳备祖（前集）》卷十五《花部》。

百花之中，最令人黯然神伤的莫过于荼蘼。"荼蘼不争春，寂寞开最晚。"荼蘼过后，春日难再。在佛典中，荼蘼开在天界，白色而柔软，见此花者，恶自去除。所以，此花绽放可视为天降吉兆，但这种吉兆并不利于尘寰间的世人。正如开在冥界忘川彼岸，花叶生生两不相见的彼岸花，它们都是分离的符号。

二、夏日之芳

（一）莲花＝荷花？

中国古人好以"莲脸"二字形容人的面容姣好，这在隋唐时代的诗篇与小说中多有体现："自知莲脸歇，羞看菱镜明"[1]；"电影开莲脸，雷声飞蕙心"[2]。元代王实甫的《西厢记》也提及"莲脸"二字："道你眉黛青颦，莲脸生春，倾国倾城，有太真之色。"[3]

但是，"莲花"或"莲脸"并不限于描绘女子的玉颜。武则天的两位男宠张易之与张昌宗皆貌美如莲，宰相杨再思曾如此阿谀奉承张昌宗："人言六郎似莲花，非也，只是莲花似六郎。"[4]

莲花，出淤泥而不染，濯清涟而不妖，可远观而不可亵玩。世人之爱莲花，更多是因为莲花有着不凡的气质。众所周知，北宋哲学家周敦颐作《爱莲说》一文，他目此花为花中君子。周敦颐对莲花的沉醉，正如屈原之于兰花，陶渊明之于菊花，白乐天之于牡丹。

除却《爱莲说》之外，周敦颐还留有《对莲》一诗，诗云：

---

① [隋]薛道衡：《昭君辞》，[宋]郭茂倩：《乐府诗集》卷二十九。
② [唐]李华：《咏史》之十，《全唐诗》卷一百五十三。
③ [明]毛晋：《六十种曲》之《西厢记》上。
④ [唐]刘肃：《大唐新语》卷九。

古柳垂堤风淡淡，新荷漫沼叶田田。

白羽频挥闲士坐，乌纱半坠醉翁眠。

游梦挥戈能断日，觉来持管莫窥天。

堪笑荣华枕中客，对莲余做世外仙。

　　昔年，笔者的父母亲曾有莲花与荷花是否同属一物之辩。父亲以"荷花老来结莲子"的俗谚，大有"咬定青山不放松"之势，坚持认为荷花即莲花。于是，公说公有理，婆说婆有理。事无巨细，那就求诸典籍吧！辞书之祖《尔雅》记载："荷，芙蕖。其茎茄，其叶蕸，其本蔤，其华菡萏，其实莲，其根藕，其中菂，菂中薏。"

　　郭璞注曰："（芙蕖）别名芙蓉，江东呼荷。"

　　晋代的《古今注》又载：

　　芙蓉，一名荷花，生池泽中，实曰莲。①

　　一言以蔽之，荷，古人称之为芙蕖或芙蓉，其茎叫作"茄"，其叶曰"蕸"，其花名"菡萏"，果实唤作"莲"，根呼为"蔤"或"藕"，莲芯则被称为"薏"。

　　查阅典籍，发现"莲花"的称呼在东汉的史料中就已经出现。而较早记载荷这一植物的典籍《尔雅》，虽然其成书年代历来说法不一，但学界认为最晚应当不晚于西汉初年。所以，荷花的称谓可能比莲花更为古老。不过，"莲"在早期曾作为荷花的果实——莲子的称呼，这点是不容置疑的。

　　"荷"与"莲"这两个称谓历来就有些模糊不清，比如，南宋诗人杨万里的诗文《晓出净慈寺送林子方》中，既有"接天莲叶无穷碧"，又有"映日荷花别样红"。可见，荷与莲，古人也分不出个所以然来。而俗语中所谓的"有藕是荷，无藕是莲"的论断，则显然将莲花与睡莲混为一谈了。

　　世间万物相生相克。莲繁盛于酷热的盛夏，其叶可清热解暑，花瓣可消暑热止

---

① ［晋］崔豹：《古今注（下）》。

莲花
吴新世摄

莲花
吴新世摄

渴，正好用其克制暑毒。此外，莲梗能通气宽胸；莲子能健脾止泻；莲芯能清火安神；莲房能消淤止血；藕节还有解酒毒的功效呢！可以说，莲花全身都是宝，甚至莲须、莲蓬、莲柄等也均可入药。

以莲为馔，在古代就是一种风尚。

古人曾将莲花制成饼馅。据《清异录》载，郭进家擅长制作莲花饼馅。分装在15个隔断的空间中，每个小空间内放置一枝莲花，共15个花色。

北宋颇负盛名的书法家、诗人郑文宝以莲为主要食材创制云英粉。《清异录》的作者陶毂品尝此馔以后，"酷嗜之"，于是郑文宝便以配方相赠。其法为：取莲藕、莲子、菱角、芋艿、鸡头米、荸荠、慈菇、百合等食材，洗净后混合，用刀细切细剁后再配以瘦肉糜蒸烂，其后放风前吹晾片刻。接着，将其用石臼捣得极细，加入适量蜜糖再入锅蒸熟，然后取出再捣，使这些食材均匀地融为一体。最后，将它们揉作一团后静置冷却，待变硬后用刀切食即可。[①]

荷叶与荷花相似，都有一种似有似无、若即若离的清香，一丝一缕，沁人心脾。在暑气逼人的夏日里，或许没有什么饕餮大餐会比一碗葱翠莹润的荷叶粥更能勾起食欲了。荷叶粥取材十分便宜，唯粳米、冰糖、荷叶而已。取适量粳米煮粥，待粥熟后加少许冰糖搅匀，此时趁热将荷叶撕碎覆盖在粥面上，待粥呈淡绿色即可取出荷叶，一道健肺益寿、清热润肺、凉血止血的荷叶粥即成。

老济南历下有一道历史悠久的风味菜，名曰"酥炸荷花"。在白荷花微绽之际，选取花蕊间最鲜嫩部分为食材。民间传统做法相当简便，将花瓣在和入鸡蛋、白糖搅拌均匀后的面粉糊中一拖，入油锅炸至金黄即可。至于馆子里，此馔的烹制则稍显精致。厨子们会在花瓣间屦入豆沙，至于鸡蛋则换成蛋清，之后便如前法入锅内煎炸，出锅后撒入少许桂花。这道酥炸荷花萦绕着荷花与桂花相融后的悠远香气，入口齿颊生香，舌尖甘美，一尝倾心。

而在江南，最有人情味的风味小吃当数糯米糖藕。新鲜出锅的糖藕热气迎面、清香可掬，咬上一口，莲藕、红枣、桂花、蜂蜜、冰糖水乳交融后的馨香在口中齐聚，绵软甘糯、妙味无穷、令人欲罢不能。此时的你，恐怕早已忘却塞糯米时那种不胜其烦的感觉了。

（二）石榴裙与石榴花是什么关系？

当一位男性被某位女子的美色征服之后，往往称其为"拜倒在石榴裙下"。民间又有俗谚云："色字头上一把刀，石榴裙下乱葬岗。"石榴裙，是古代女子的一种时尚装束，此裙由来已久，以唐代为盛。那么，到底什么是石榴裙呢？

石榴并非中原的传统物种，它与核桃、葡萄、蚕豆、苜蓿等十余种植物相同，皆自西域而来。所以，公元前2世纪张骞出使西域之前，中原必无"石榴裙"之说。

---

① [宋]陶穀：《清异录》卷二。

直至南梁时代，文学作品中才出现它的芳踪：

> 交龙成锦斗凤纹，芙蓉为带石榴裙。
>
> 日下城南两相忘，月没参横掩罗帐。①

此诗为梁武帝萧衍的第七子梁元帝萧绎所作，名为《乌夜啼》。诗中透露，石榴裙为当时宫廷贵族女子的装扮，制作考究、绣工精巧，故有"交龙成锦斗凤纹"之说。

至唐代，石榴裙甚是风行，成为青楼女子、贵族名媛，乃至后宫佳丽的最爱。武则天在感业寺出家时期，曾为高宗作一首情诗——《如意娘》，诗云：

> 看朱成碧思纷纷，憔悴支离为忆君。
>
> 不信比来长下泪，开箱验取石榴裙。②

意思是说，我近来相思成灾，时常神思恍惚，以致将红色看成绿色。我面容憔悴、魂不守舍都是因为思君太甚啊！如果你不相信我近来时常因为想你而流泪，那就打开衣箱查验一下我那条石榴裙上的斑斑泪痕吧！这首露骨的情诗轻而易举地将唐高宗李治攻下，这位年轻的皇帝乖乖地"束手就擒"，匍匐在武氏的石榴裙下。据说，武氏与李治的第一个儿子李弘就是在感业寺中受的孕。

相传，杨贵妃酷爱石榴花，更爱身系石榴裙。于是，唐玄宗便命人在华清池一带遍植石榴树。每逢石榴花怒放的时节，玄宗就在花海中设宴。一些官员因玄宗宠爱贵妃而荒废朝政，便迁怒于她，拒绝向其行大礼。玄宗得知后，敕令百官须对贵妃行跪拜大礼，否则就要降罪。如此，就有了"跪拜在石榴裙下"的说法。

据学者研究，石榴裙由红花菜籽染成，而非中国传统的红色染料茜草所染。经红花菜籽染色后的织物，色泽明艳动人，与石榴花的颜色如出一辙。故而，石榴裙

---

① ［南梁］徐陵：《玉台新咏笺注》卷九。

② ［唐］武则天：《如意娘》，《全唐诗》卷五。

148

既非印着石榴花纹样的裙子，也非用石榴花染色而成的裙子，而是色彩艳如石榴花的红裙。

石榴裙在古代文学作品中被大书特书，文人们赋予它深厚的文化内涵。渐渐地，石榴裙就成为女子的代称之一。古人将石榴花的绚丽色彩定格在女子的红裙上，使石榴裙成为一种风靡上千年的时髦装扮。

石榴花更是一味不可多得的良药，有清热解毒、润肺健胃、养阴生津等多种功效。古人更喜欢将其搬上餐桌，让它和谐地融入自己的体内。将石榴花用于饮馔，在我国已有相当长的一段历史。

早在魏晋南北朝，我国就已经出现榴花酒：南朝时期的梁元帝有"榴花聊夜饮，竹叶解朝醒"的吟诵，王褒也曾作"涂歌杨柳曲，巷饮榴花樽"之句。

石榴成为餐盘中的点缀大概始于宋朝。当时，南中地区有一种四季常开的石榴花，仲夏时节结出果实之后，至深秋忽而又大片大片地开花，不久后结果。枝头硕果累累，满地红英粲然。设宴时，摘取花朵与果实一起摆盘，逸趣横生。[①]

生活在苍山洱海间的百姓，至今还有食用石榴花的习惯。每年初夏时节，乡民们不失时机地收拾起散落满地的石榴花瓣。先剥开花瓣，剔去花蕊部分，再用清水漂洗数遍后放入滚水中焯煮，以去除苦涩味，随后倒入清水中漂洗备用。烹饪时，先在烧热的油锅中切入几片薄薄的火腿或腊肉。待其七八分熟时，取备用的石榴花瓣倒入锅里爆炒，然后撮少许食盐入锅，再洒少量水焖炖片刻，一道颇具大理风情的"小炒石榴花瓣"便大功告成了。

石榴花瓣入口香脆，油而不腻，清新中夹杂着丝丝苦涩，有着生活难以为继时的那份清苦。据当地人讲，每年顺应时令吃一两次石榴花，抵得上服用一两剂清热败火的排毒药呢！

---

① ［宋］范成大：《桂海虞衡志》。

（三）宋代特级花茶

在古代，自然界中香气四溢的可食用植物通常都能在饮食方面一显身手，制作香茶便是最主要的方式之一。百花之中，茉莉花以其独特的香气而深受青睐。当时的花茶与今天的相比，有何不同呢？

南宋陈景沂《全芳备祖》记载："（茉莉）或以熏茶及烹茶尤香。"[1]同时代的施岳在《步月·茉莉》也提及："玩芳味，春焙旋熏，贮秾韵。"[2]宋人对花茶的玩味，有着后人无法企及的独到之处。南宋陈元靓的《事林广记》一书为我们解开宋代花茶的奥妙，书中详细介绍了脑麝香茶和百花香茶的制作方法。

脑麝香茶，将上好的麝香、龙脑，与细细碾碎的好茶一同放置在盒内。之后，无需多余的动作，只要袖手静待其悄然酝酿即可。此茶氤氲着麝香、龙脑以及茶叶的香气，是为香茶制作的神来之笔；百花香茶，即收集桂花、茉莉花、橘花、素馨花曝干后放入盒内，尔后将优选的好茶细细碾碎，依前法熏之。百花香茶在天地间四种不同花朵的熏陶之下，吸收春、夏、秋三个季节的菁华，它有着橘花的青涩淡雅，兼具茉莉的浓郁素洁，又有木犀的甜香扑鼻，更有素馨花的清冽怡情，此茶之妙不在话下。

宋代人对茶叶的玩味已经达到登峰造极的境界，龙脑、麝香、香草、鲜花、果品……大自然中一切精粹皆可各显神通，正如宋徽宗所云："采择之精，制作之工，品第之胜，烹点之妙，莫不咸造其极。"[3]然而，天下之口未必同嗜。对于时人用芳香类植物增添茶香的做法，蔡襄提出了异议，他认为：

> 茶有真香，而入贡者微以龙脑和膏，欲助其香。建安民间试茶皆不入香，恐夺

① ［宋］陈景沂：《全芳备祖（前集）》卷二十五《花部》。

② ［宋］施岳：《步月·茉莉》，［清］沈辰垣：《历代诗余》卷五十七。

③ ［宋］赵佶：《大观茶论（序）》，［明］高元濬：《茶乘》卷六。

其真。若烹点之际，又杂珍果香草，其夺益甚。正当不用。①

无论是龙脑香、果香，还是香草之芬芳，在蔡襄看来，它们都会掩盖茶叶本身的香味，故不必添加，以免弄巧成拙。

古人还用茉莉花制作茉莉汤。将甘草与生姜汁按100：1的比例调配后一同研匀，然后均匀地抹在碗底备用。次日凌晨，采摘20至30余朵露痕千点的茉莉花放入碗中，再扣上原先备用的那口碗，熏至午间时分就可取用做汤。②

此外，宋代常见于史籍的汤饮还有以橘花为食材的橘汤，以梅花为食材的暗香汤，以桂花为食材的天香汤，以及以甘菊为食材的甘菊汤等。当时，汤中必用一味或几味具有甘香特质的药材。无一例外的是，汤中必有甘草。在宋代，这是一个放之四海皆准的饮食习俗。

宋代的《南窗纪谈》提及，每逢客至，主人须设茶；客人临行之际，则要奉上一碗汤，上至官家豪门，下至寻常百姓，皆随此俗。同样的记载也出现在宋代的《萍州可谈》中："今世俗客至则啜茶，去则啜汤。"③

三、秋日之芳

（一）雪霞羹

芙蓉原是荷的古名，屈原在《离骚》中曾作"制芰荷以为衣兮，集芙蓉以为裳。"汉代王逸注曰"芙蓉，莲华也"，此处的芙蓉即指莲花。不过，芙蓉在诗词中

---

① [宋]蔡襄：《茶录·论茶》。

② [元]佚名：《居家必用事类全集》。

③ [宋]朱彧：《萍州可谈》。

有时兼指长在水中的荷花和陆地上的木芙蓉。

"露凉风冷见温柔，谁挽春还九月秋。"①秋天霜降以后，许多植物遇霜萎靡乃至凋零，而芙蓉花开正旺，故此花又名拒霜。大凡对芙蓉花稍有了解的朋友，想必对"弄色芙蓉"之说有所耳闻。一些木芙蓉初开时，花冠为白色或淡粉红色，数日后才变成深红色。而有些品种清晨开白花，中午变桃红，傍晚则转为深红色，该现象也称"三醉芙蓉"。②

与许多花朵一样，芙蓉背后也隐藏着深厚的文化内涵。从五代时期花蕊夫人的故事到北宋苏轼名篇《芙蓉城》所成就的江阴城，两个相隔千里之遥的城市——成都与江阴，竟不约而同地被冠以"芙蓉城"的美名。芙蓉在古代文人眼中有着非凡的神韵，这种神韵一直绵延了数千年。直到清代，它依旧蕴含着独特而美妙的意象。在《红楼梦》中，有两位女子与芙蓉花有一定瓜葛，一位是林黛玉，另一位就是身上有着黛玉特质的晴雯。

第六十三回提到，在宝玉庆贺诞辰的那个夜晚，怡红院邀请大观园众姊妹玩一种名曰"占花名"的游戏。将若干根签放在签筒里，每根签上画一种花草，并题有一句诗，另附注饮酒规则。行令时，一人抽签，依签上规则饮酒，此为占花名。作者通过这种游戏，巧妙地以花喻人：宝钗抽到的是"艳冠群芳——任是无情也动人"的牡丹花，探春是"瑶池仙品——日边红杏倚云栽"的杏花，李纨是"霜晓寒姿——竹篱茅舍自甘心"的老梅……而黛玉则是"风露清愁——莫怨东风当自嗟"的芙蓉花。曹雪芹赋予芙蓉花极高的地位，这点可由大伙口中的评论得以印证，"众人笑道：'这个好极！除了他，别人不配做芙蓉。'"③

再来谈谈《红楼梦》中的另一朵"芙蓉花"——晴雯。晴雯被王夫人逐出大观园后，不久便香消玉殒在"猪圈"一般的家中。宝玉悲怆万分，偷偷地在芙蓉花前

① [元]蒲道源：《闲居丛稿》之《顺斋先生闲居丛稿》卷四。

② 潘富俊著/摄：《红楼梦植物图鉴》，上海书店出版社，2005年8月，第184、253页。

③ [清]曹雪芹：《红楼梦》第六十三回《寿怡红群芳开夜宴，死金丹独艳理亲丧》。

祭奠这位一起长大的儿时玩伴，为其亲作《芙蓉女儿诔》悬于芙蓉枝上。① 这位多情公子一直坚信，晴雯死后必定幻化为芙蓉花的花神。

以此花为食，多少会有些许不忍。不过，宋人却以食用此花为乐。他们在秋日里摘取芙蓉花，去除花心与花蒂，将花瓣放入汤锅中，与清爽滑嫩、弹指即破的豆腐同煮，锅内红白交错，恍如雪霁之后的彩霞，故名"雪霞羹"。此羹亦可加入胡椒和姜佐味。②

（二）吃后"逢考必过"的点心

在宋代的举子眼中，吃了广寒糕想必能蟾宫折桂吧！蟾宫，即月宫，又称广寒宫。古人往往将科举及第称作"蟾宫折桂"。关于蟾宫折桂，此处又能牵扯出不少故事。

在科举制之前，国家常用的一种选官制度叫作察举制。察举，可以理解为考察与推举，理论上由地方长官在辖区内随时考察、选取人才并推荐给上级或中央，经考核后再授予官职，这种选才制度有别于先秦的世袭制与后世的科举制。

西晋时期，吏部尚书崔洪举荐博古通今、刚正不阿的郤诜。郤诜出任刺史时，武帝便让他谈谈自我评价。郤诜回答说："臣举贤良对策，为天下第一，犹桂林之一枝，昆山之片玉。"③大意是说，我就像月宫里的一束桂枝，昆仑山上的一块宝玉。武帝听后抚掌大笑，此后这位郤诜一直受到朝廷的倚重，于是就有"郤诜高第"与"郤诜丹桂"这两个成语。

察举制之后，实际上以保护士族世袭政治特权为目的的九品中正制大行其道，可视之为察举制的延续。至隋唐时代，不论门第的新型选官制度——科举制才开始正式登上历史舞台。其后，"蟾宫折桂"一词便逐渐被用来指代举子们考中进士。

---

① [清]曹雪芹：《红楼梦》第七十八回《老学士闲征姽婳词，痴公子杜撰芙蓉诔》。

② [宋]陈达叟等：《蔬食谱·山家清供·食宪鸿秘》，第40页。

③ [唐]房玄龄：《晋书》卷五十二《列传》第二十二。

那蟾宫何以成为月宫的别称呢？

在汉族神话中，月宫有一只三条腿的蟾蜍。早年，这条蟾蜍为害一方，百姓深受其苦。吕洞宾有一位弟子名唤刘海，他以周游四海，降魔伏妖为己任。一日，他试图降服这只金蟾妖，在打斗过程中伤及金蟾一腿。此后，三腿金蟾臣服于刘海门下，它竟有一身招财进宝的绝活，能助刘海发散钱财，接济穷人，被誉为"招财蟾"。想来"招财蟾"的传说深入人心之后，蟾宫才成为月宫的别称之一。

言归正传。丹桂飘香的季节里，如果不收集一些桂花以供厨事，那着实辜负了它们这一季的用心绽放。桂花的气味香得放肆，甜到发腻。无论是芝麻汤圆，还是糯米糖藕，若无桂花的点缀，总有一种美中不足之憾。因而，纵使一朵小小的桂花，也绝非是一个见弃于人的小生命。

早在宋代，时人便将桂花用于制作糕点。采摘桂花，去除青蒂，再洒少许甘草水，和入米粉做成糕子，随后入汤锅中蒸。每逢大比之年，学子们不约而同地以此糕相赠，取"广寒高甲""蟾宫折桂"之意。因此，广寒糕成为宋时举子逢考必吃的一道点心。宋时，也有人摘取桂花后略微蒸熟，再晒干后制作香料，用古鼎热酒时撒入少许，颇有雅韵。"胆瓶清酌撩诗兴，古鼎余熏腻酒香"，此句所吟颂的正是此酒的意趣。[①]

北宋越窑青瓷蟾蜍砚滴
慈溪市博物馆藏

---

① [宋]陈达叟等：《蔬食谱·山家清供·食宪鸿秘》，第43页。

（三）王安石公报私仇的理由

古代钟情于菊花的文人甚众，苏轼便是其中之一。他认为菊花一年四季都可食用，根据时节，可在春天食苗，夏天食叶，秋天食花，冬天食根。与东坡同时代的王安石留有"西风昨夜过园林，吹落黄花满地金"这样的诗句。提起这两句诗，还与东坡先生有一桩趣事呢！

相传，苏轼曾前去探访丞相王安石，恰逢主人外出。于是，他被引至东书房吃茶，穷极无聊之时，发现案头的砚匣下压着一方素笺，取而观之，不禁窃笑荆公江郎才尽。原来，其上书有"昨夜西风过园林，吹落黄花满地金"两句诗。苏轼暗想："黄花即菊花，此花开于深秋，其性属火，敢与秋霜鏖战，且最能耐久，即便老至焦干枯烂，并不落瓣。若说'吹落黄花满地金'，岂不是无稽之谈？"他一时兴致渐高，随即举笔舐墨，依韵续诗二句："秋花不比春花落，说与诗人仔细吟。"

王安石回府后，心中记挂着那两句尚未完韵的诗，于是便去了书房。他察觉有人动过自己的诗稿，那纸素笺上留下的笔迹似乎为苏轼所有，一问侍从，得知苏轼果真来过。王安石心下踌躇："苏轼这个小畜生，虽遭挫折，轻薄之性不改，不道自己学疏才浅，敢来讥讪老夫？明日早朝奏他一本，将他削职为民！"又想道："且住，他不知黄州菊花落瓣，也难怪。"于是，他命人取湖广缺官册籍来看，发现黄州府余官俱在，只缺个团练副使。

次日，荆公早朝密奏天子，说苏轼才力不及，应左迁黄州团练副使。苏轼心中不服，心中明知当日改诗触怒荆公，却也只得无奈地谢恩。

苏轼到黄州后，某一年重阳将至，该地连日大风。一日，狂风止息，苏轼邀友赏菊。步入菊园一看，只见花瓣凋零，遍地黄花，枝上全无一朵好花。此刻，他才如梦初醒："原来，'吹落黄花满地金'并非诳言，荆公左迁小弟到黄州，竟是为了让我看菊花！"

这个故事被明末的冯梦龙写进《警世通言》中，该书是一本短篇白话小说，各位看官大可付之一笑。

菊花禀秋日清肃之气，是一味清热解毒、养肝明目的良药。成书于秦汉时期的《神农本草经》提及，久服菊花，可轻身延年。

在中国传统的花馔文化中，菊花占据着举足轻重的地位。早在2300多年前的战国时代，菊花就被楚国人当成一种可食用的花卉。至西汉，文献中出现关于重阳日饮菊花酒的记载。《西京杂记》提到，西汉初年的农历九月九日，汉宫中有"佩茱萸，食蓬饵，饮菊华酒"①的习俗。到了北宋，菊花酒依旧受人们称道，欧阳修有诗云：

> 我有一樽酒，念君思共倒。
> 上浮黄金蕊，送以清歌袅。
> 为君发朱颜，可以却君老。②

除了制作饮品之外，菊花还可用于烹饪。南宋林洪在《山家清供》中，向后世的食客们介绍了三种食菊之法，分别为：紫英菊、金饼和菊苗煎。③

紫英菊即宋人口中的"治蔷"，这种菊花的茎呈紫色，气香、味甘。春天里采摘紫英菊的菊苗或菊叶，洗净入滚水中略焯，之后用油稍加翻炒，再调入姜、盐煮熟即可，此馔有清心明目的功效。若加入枸杞叶一同烹煮，则更妙。

宋代有一位号为"危异斋"的文人曾说："梅以白为正，菊以黄为正，过此恐渊明、和靖二公不取。"采摘茎紫、花黄的"正菊"花瓣，倒进调入少许盐的甘草汤中焯过，等粟米饭即将熟透时，将菊花投入与饭同煮，此饭即为宋代的"金饼"，久食可明目延年。④

林洪游春时，遇见张将使与元耕轩两人，对方留饮。席上，元耕轩命子芝菊田赋诗，遂作《墨兰》一篇。元耕轩阅后笑逐颜开，酒过数杯后，脑海中蹦出不少奇

---

① [汉]刘歆：《西京杂记》卷三。

② [宋]欧阳修：《欧阳文忠公集》之《居士集》卷七。

③ [宋]陈达叟等：《蔬食谱·山家清供·食宪鸿秘》，第25页。

④ [宋]陈达叟等：《蔬食谱·山家清供·食宪鸿秘》，第32页。

思妙想，创制菊苗煎：将菊苗入汤中略煮，捞起后裹以调入甘草水的山药粉，再用油煎之，此馔"爽然有楚畹之风"。①

甘菊所烹之馔，也在宋人的饮食中占一席之地。甘菊也就是宋人所说的家菊，百姓一般将其作为蔬菜食用。与普通菊花不同，甘菊的叶片呈光洁的淡绿色，口感微甘，咀嚼之际香味俱佳，用于烹调或泡茶，也是上上之选。②《太平御览》提到，重阳日这一天，山东一带的百姓以食重阳糕、饮酒、登高为俗，重阳日所饮之酒必以茱萸、甘菊浸泡，且每每烂醉而归。甘菊所煎之茶也俘获了不少文人的味蕾，陆游就有"何时一饱与子同，更煎土茗浮甘菊"这样的诗句。

北宋士大夫王禹偁极爱吃甘菊冷淘面。曾经，经年累月的肥酒厚肉让他颇觉腻烦，亟须更换成清爽的素斋以清肠洁胃。一天，诗人发现篱笆边有几丛郁郁葱葱的甘菊在阳光下摇曳。随后，他撸起袖子大采特采起来，将刚收获的甘菊用清水洗去露痕与春泥，接着就在庖厨中做起了甘菊冷淘。此事虽小，却被王禹偁记录在《甘菊冷淘》一诗中。"杂此青青色，芳香敌兰荪"，兰荪是一种香草，此为诗人对甘菊冷淘的最佳赞誉。

李时珍在《本草纲目》中将菊花的妙用展现得淋漓尽致："其苗可疏，叶可啜，花可饵，根实可药，囊之可枕，酿之可饮，自本至末，罔不有功。"此花从根部至末梢，每一处都有它的价值所在。

中国古代文人对菊花推崇有加，数千年来，历代文人骚客的咏菊诗可谓多如牛毛：前有屈原之"朝饮木兰之坠露兮，夕餐秋菊之落英"；又有陶渊明之"采菊东篱下，悠然见南山"；复有白居易之"耐寒唯有东篱菊，金粟初开晓更清"；后有曹雪芹之"孤标傲世偕谁隐？一样花开为底迟？"③。菊花，不仅仅只是肃秋中一个坚韧的生命，此花之于国人，早已是一个人格化的存在。

---

① [宋]陈达叟等：《蔬食谱·山家清供·食宪鸿秘》，第49—50页。

② [宋]范成大：《（绍定）吴郡志》卷三十。

③ [清]曹雪芹：《红楼梦》第三十八回《林潇湘魁夺菊花诗，薛蘅芜讽和螃蟹咏》。

四、冬日之芳

堪与菊花的高洁傲岸、凌霜不惧比肩的花儿非梅花莫属。谈到梅花，不得不提及一位世外高蹈的名士，那就是北宋的隐逸之士林逋。在现世中有着"洁癖"的林和靖先生以"梅妻鹤子"而名扬天下，梅花在其心中的地位一望而知。他的诗篇历久弥香，尤其是"疏影横斜水清浅，暗香浮动月黄昏"两句，堪称咏梅诗中的绝唱，甚至影响千余年后的今天，艺人江疏影与歌曲《暗香》之名，想来皆源于此。

林逋自幼沦为孤儿，从小好学，性情恬淡，视富贵名利如浮云。年纪渐长，他浪迹于江淮一带，后归隐杭州，结庐孤山，与湖光山色为伴，相传20余年不涉足城市。后来，林逋以名闻于上，宋真宗屡赐粟帛，并诏告州县官员对其多加照应。林逋将终之年，在庐旁自建一座坟墓，并赋诗云：

> 湖上青山对结庐，坟头秋色亦萧疏。
>
> 茂陵他日求遗稿，犹喜曾无封禅书。①

宋仁宗天圣六年（公元1028年），林逋往生，时年61，仁宗嗟悼不已，赐谥号为"和靖先生"。②和靖先生作诗信手拈来，随手丢弃。有人提议将这些佳句好好收藏以留与后人品读，而林逋却道："吾方晦迹林壑，且不欲以诗名一时，况后世乎？"③好在一些有心人偷偷记下，因而尚有不少诗篇得以传世。有趣的是，古今都有如此爱才惜才之人。一些人好常驻作家与书法家的门口，其目的只有一个——拾取他们的生活垃圾！相传当年，作家张爱玲与书法家启功都曾遇到这种情况。

---

① [宋]林逋：《林和靖诗集》卷四。

② [宋]杜大珪：《名臣碑传琬琰集》中卷三十九。

③ [元]脱脱等：《宋史》卷四百五十七《列传》第二百一十六。

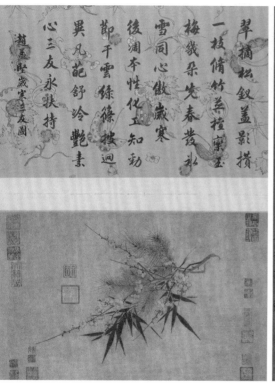

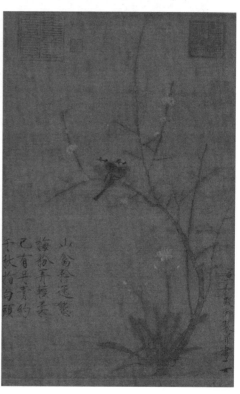

《岁寒三友图》
宋代赵孟坚绘
台北故宫博物院藏

腊梅山禽
赵佶绘
台北故宫博物院藏

宋代林逋手札二帖
台北故宫博物院藏

（一）"梅妻鹤子"的林和靖为何有后？

和靖先生过世两百年后，宋代另一位林姓的文人曾在自己的专著《山家清事·种梅养鹤图说》中言及："七世祖逋，寓孤山。国朝谥和靖先生。"[①]这位自称是林逋七世孙的文人便是前文提及的林洪。世人皆知，林和靖有"梅妻鹤子、不仕不娶"之轶事，又何来七世孙呢？故而，林洪此说遭到时人的嘲讽鄙夷，甚至有人还作诗回应：

> 和靖当年不娶妻，只留一鹤一童儿。
>
> 可山认作孤山种，可是瓜皮搭李皮。[②]

诗中提及的可山，即林洪的号。显然，人们认为他有意杜撰此事，强认亲族。自宋以降，"林逋是否有后"这桩案件引发不少笔墨官司，那真相究竟如何呢？

---

① [宋]林洪：《山家清事》。

② [清]郑方坤：《全闽诗话》卷五。

昔年，林逋的侄孙林大年收集了不少林逋的诗篇，请梅尧臣为诗集作序，此事在梅尧臣的《林和靖先生诗集序》有明确记载：

先生少时多病，不娶，无子，诸孙大年能掇拾所为诗，请予为序。①

林逋与梅尧臣两人相差30余岁，可以说是同时代人。林逋在世时，连真宗皇帝都屡赠粟帛，足见他早已名扬天下。而梅尧臣与林逋的侄孙林大年交往甚密，怎会不知林逋是否有妻有子呢？若林逋有后，收集诗篇者为何是侄孙而非其嫡系后裔？

再者，关于林逋的家庭情况，《宋史》如是说：

逋不娶，无子，教兄子宥，登进士甲科。宥子大年，颇介洁自喜，英宗时，为侍御史，连被台移出治狱，拒不肯行，为中丞唐介所奏，降知蕲州，卒于官。②

正史明明白白地记载，林逋未曾娶妻生子。他的侄子林宥中过进士甲科，林宥之子林大年曾出仕于宋廷。此外，并无其他亲属的相关记载。《宋史》连林逋的兄长、侄子、侄孙都记载了，怎么会漏记林逋之子呢？可见，林逋确实无子。

不过，自宋以降，以林逋后人自居者层出不穷，又该如何解释这种现象呢？原因很简单，除去攀附名人先祖这种情况外，在"不断香火"观念的指导下，采用过继的做法完全可以让不娶无子者有后。

（二）如何烹制林和靖之妻？

言归正传。不管林洪所言是否属实，他沉湎于枕石听风的归隐生活，确实有着和靖先生恬淡高雅的一面。纵览林洪的两部代表作《山家清事》与《山家清供》，

---

① [宋]梅尧臣：《宛陵集》之《宛陵先生集》卷六十。
② [元]脱脱等：《宋史》卷四百五十七《列传》第二百一十六。

不禁让人对他所崇尚的雅致生活产生无限神往之情。前者记录山林隐逸时风雅的赏玩项目，后者是一本食谱，以记叙清淡的饮食为主，其中不乏关于花馔的记载。

林洪与和靖先生一样，都格外痴迷于圣洁的梅花。在寥寥数千字的《山家清供》一书中，用到梅花的饮馔至少有六种，足见作者对它的挚爱。

1.梅花汤饼

先将白梅与檀香末浸泡在水中，而后和面擀成馄饨皮，每片用一个梅花式样的铁质模具凿出形状，接着入汤锅内烧煮，等熟透之后再捞起倒入备用的鸡汤中。碗中的香味随着徐徐升腾的热气沁入鼻尖，未几，四下檀香袅绕，梅香清远。汤内静卧着两百余朵"白梅花"，姿态万千，色泽清雅，令人心醉神迷。檀香可开胃止痛、镇定安神、行气温中。此物尤受佛教界的推崇，据说以檀香水抹身，一切烦恼俱消；白梅花能解暑生津，开胃散郁，辟毒生肌。因此，这道梅花汤饼既可充饥，也有食疗之效，更是一种文化与美学享受。南宋留玉堂[1]有这样两句诗描绘这道梅花汤饼："恍如孤山下，飞玉浮西湖。"[2]

2.蜜渍梅花

取白梅肉少许浸泡在雪水中，随后与梅花一起入坛中酝酿，享用前先在室外放置一宿，继而用蜜渍之，下酒极佳。[3]相较于敲雪煎茶，两者各有千秋。杨万里曾用以下诗句道出了蜜渍梅花的不俗：

> 瓮澄雪水酿春寒，蜜点梅花带露餐。
>
> 句里略无烟火气，更教谁上少陵坛。[4]

---

① 即留元刚，字茂潜，晚号云麓子，泉州晋江（今福建泉州）人，著有诗文集名《云麓集》，已佚。

② [宋]陈达叟等：《蔬食谱·山家清供·食宪鸿秘》，第17页。

③ [宋]陈达叟等：《蔬食谱·山家清供·食宪鸿秘》，第31页。

④ [宋]陈景沂：《全芳备祖（前集）》卷一《花部》。

3.汤绽梅

农历十月份以后，用竹质刀片取含苞待放的梅花花蕊，将其通体蘸蜡后投入蜜罐中。至来年夏日，取出少许花蕊放入茶盏内，以开水泡之。[①]少顷，一朵朵梅花在澄莹的汤水中相继绽放：观之，仪态万方；闻之，馨香四溢；食之，妙不可言！

4.梅　粥

先扫取飘落的梅花清洗干净备用，然后用雪水煮白粥，等熟透以后，撒入花瓣同煮。杨万里诗云："才看腊后得春饶，愁见风前作雪飘。脱蕊收将熬粥吃，落英仍好当香烧。"[②]自古，梅花与雪水可谓珠联璧合，宋人用梅花与雪水煮粥，后世则取梅花上的雪水烹茶。曹雪芹在《红楼梦》中提及，睥睨一切、冷傲非凡的妙玉好以梅花上的雪水煮茶。妙玉珍藏着一瓮雪水，这瓮雪水源自姑苏玄墓山蟠香寺一带的梅林。五年来，她虽饱受颠沛流离之苦，却从未将这一瓮雪水舍弃。

5.石榴粉

所谓的石榴粉其实与石榴毫无瓜葛，它也是梅花打造的一道美馔。藕段细切成块状，用砂器内壁稍加擦拭至圆润，尔后将其用兑入梅花水的胭脂染色，并调入绿豆粉细细拌匀，接着入清水中烧煮。烹好后的石榴粉宛如石榴子的形状，故名。[③]

6.梅花脯

梅花脯其实与梅花抑或梅子毫无瓜葛，据《山家清供》载，山栗[④]与橄榄薄切后同食，有着梅花的风韵，故谓之梅花脯。[⑤]

千百年来，梅花的曼妙之处已被古人说穷道尽，它的清绝幽香、冷艳红妆以及傲世风骨早已扎根于国人的心中。毫无疑问，它已经幻化为一缕花魂，成为本民族

---

① [宋]陈达叟等：《蔬食谱·山家清供·食宪鸿秘》，第31—32页。

② [宋]陈达叟等：《蔬食谱·山家清供·食宪鸿秘》，第33页。

③ [宋]陈达叟等：《蔬食谱·山家清供·食宪鸿秘》，第42页。

④ 栗子的一种。子实较板栗稍小，可食。

⑤ [宋]陈达叟等：《蔬食谱·山家清供·食宪鸿秘》，第47页。

精神世界的一部分。

百花之美自不待言。从忆花、访花、种花、对花、供花，到咏花、画花、簪花，再到花影、花梦、花残……从嫩蕊初发至红消香断，每一朵花都曾明媚鲜艳，却也都短促得令人来不及嗟叹。唐人刘希夷叹曰："年年岁岁花相似，岁岁年年人不同。"君不见，今朝之花已非昔年之花。花期短如朝露，食之何忍？细细寻思，落红遍地，繁花最终将会融入泥土，而让食客一饱口腹之欲后，其归宿也是泥土。食花亦不失为一桩风流雅事，何况以花为食，也是在缔造餐盘中的群芳谱，使凡尘间的生活中平添几许荒野的气息，眼底与舌尖风烟俱净，如此这般赏心趣事，何乐而不为呢？

第二章

宋代皇室的天价餐具

"天下名瓷，汝窑为魁。"在宋代五大名窑——"汝、钧、官、哥、定"之中，汝窑居于首位。后世有"宫廷汝瓷用器，可与商彝周鼎比贵"的说法，又有"纵有家产万贯，不如汝瓷一片"的传言。现今，即使是一件汝窑残片，也被全球各大博物馆和收藏机构奉为至宝，譬如，广东省博物馆就藏有半件汝窑。完好无缺的传世汝瓷更是稀如星凤，

北宋汝窑出戟瓶模具（残）①
河南省文物考古研究院藏

从公开发表的情况看，现存完整的汝窑瓷器不足百件，主要收藏在北京故宫博物院、台北故宫博物院、英国大英博物馆（含大维德基金会）和上海博物馆等单位，其他散藏于美、日等国的博物馆和私人手中。为何每一件汝瓷，都堪称和璧隋珠呢？如此珍异的瓷器，其诞生与北宋的一位皇帝有着莫大的关系。

一、皇位上的天才艺术家

（一）李煜与赵佶

北宋末年有一位徽宗皇帝，他是中国古代史上少有的艺术天才，尤其在书法和绘画方面有着极高的禀赋。徽宗赵佶自创一种书法字体，世称"瘦金体"，瘦金体虽然"天骨遒美，逸趣霭然"，但是民间曾一度视之不祥，被认为是一种亡国的字

---

① 详见徐巍、韩倩、吕成龙：《清淡含蓄：故宫博物院汝窑瓷器展导读》，《紫禁城》2015年11期。

上图:《祥龙石图卷》

　　赵佶绘

　　北京故宫博物院藏

下左:宋徽宗诗帖

　　台北故宫博物院藏

下右:《梅花绣眼图》

　　赵佶绘

　　北京故宫博物院藏

体。徽宗还沉迷于花鸟画的创作，他的画作自成"院体"①。

然而，尽管宋徽宗的书画造诣达到登峰造极的境界，但在为政方面却并不尽如人意。即位初期，他曾致力于新政，力图广开言路、兴利除弊。不过总体而言，他的改革以失败告终。在历史评价上，徽宗声名狼藉，他玩物丧志，以致他的统治时期成为《水浒传》创作的时代背景。

对于这样一位皇帝，后世如是说："宋徽宗诸事皆能，独不能为君耳！"②面对人人垂涎的至高皇位，徽宗深觉意兴阑珊。昔年，哲宗早亡，又无子嗣，一场机缘巧合，这位轻佻的浪子竟被稀里糊涂地推上了皇位。不知赵佶接到这个继承大统的消息时正在踢球、赏花呢？还是在写字、作画？

在某些方面，徽宗与前朝的一位皇帝极其相像，因此关于徽宗的身世，就留有这么一段离奇古怪的故事。

一日，宋神宗心血来潮，到秘书省观看珍藏于斯的南唐后主李煜的画像。神宗"见其人物俨雅，再三叹讶"③。当时，后宫恰巧有一位嫔妃身怀六甲。临盆之前，她梦见李后主至其寝宫。其后，这位嫔妃所生的皇子，就是端王赵佶，也就是后来的宋徽宗。

此说固然不足为信。然而，徽宗赵佶身上确实有着李后主的影子，两人有着许多惊人的相似之处：首先，按皇位继承顺序来说，皇帝的宝座与他们都有着千里之遥，但两人却都阴差阳错地当了皇帝。其次，两人都才情横溢，且治国无方；最后，也是最重要的一点，两人同为亡国之君。后来，有一种因果报应的传言颇得人心。昔年，南唐为宋太祖赵匡胤所灭，人们认为，南唐后主李煜为报亡国之仇，投

① "院体画"简称"院体""院画"，通常指宋代翰林图画院及宫廷画家比较工致类的绘画。亦有专指南宋画院作品，或泛指非宫廷画家效法南宋画院风格之作。这类作品多以花鸟、山水、宫廷生活，以及宗教内容为题材，风格华丽细腻。

② [清]王士祯：《池北偶谈》卷九。

③ [清]潘永因：《宋稗类钞》卷一。

胎转世成为玩世不恭的宋徽宗，直到将宋朝荒废到灭亡为止。

（二）天子与妓女

宋徽宗对奇珍美器、奇花异石、飞禽走兽等痴迷不已，好与书画名家、球星以及道士为伍，且授予他们要职。此外，他还耽溺于眠花卧柳，民间曾广泛流传着徽宗和著名词人周邦彦争风吃醋的轶事。

一次偶然的机会，徽宗结识了李师师。从此以后便一发不可收拾，他经常趁着夜色往来于皇宫与风月场所之间。一夜，徽宗再次密会李师师，并特地为其捎来江南新鲜进贡的橙子，师师亲手剥橙，二人分食。三更时分，徽宗起身话别。师师以"马滑霜浓"为由，假意劝其留宿，不过徽宗还是与其话别了。

不久以后，徽宗再度至青楼相会佳人，听曲子，诉衷肠。当时的词跟今天的流行歌曲一样，经常被人们传唱。是夜，李师师忘情地高歌一支新曲。徽宗凝神细品，猛然间，他耳畔回旋着那么几句歌词："城上已三更，马滑霜浓，不如休去，直自少人行。"他自语道："真是奇了，这不正是那晚师师对自己说的话吗？"于是陡然变色，问作词者何人？师师不敢隐瞒，只好怯生生地道出周邦彦的名字。

原来，那天夜晚徽宗龙体抱恙，师师便乘隙与旧相识周邦彦相约。但是，周邦彦刚踏入房门，徽宗竟然也冒着风霜如期而至。慌乱之际，周只得钻入床底。因此，那晚徽宗与师师相会的情景，被周邦彦一一写入词中，全篇为：

> 并刀如水，吴盐胜雪，纤指破新橙。锦幄初温，兽烟不断，相对坐调笙。
> 低声问：向谁行宿？城上已三更。马滑霜浓，不如休去，直自少人行。[①]

细细推敲，该词的字里行间还流露出些许醋意。徽宗听完事情的原委以后拂袖而去，随之便将周逐出京城。临行之前，李师师持酒饯别，周邦彦触景生情，又作

---

① [宋]周邦彦：《少年游·并刀如水》，[宋]何士信：《群英草堂诗余（后集）》卷上《群英词话》。

一首《兰陵王·柳》：

柳阴直，烟里丝丝弄碧。隋堤上，曾见几番，拂水飘绵送行色。登临望故国。谁说，京华倦客？长亭路，年来岁去，应折柔条过千尺。

闲寻旧踪迹。又酒听哀弦，灯照离席。梨花榆火催寒食。愁一箭风快，半篙波暖，回头迢递便数驿，望人在天北。

凄恻，恨堆积。渐别浦萦回，津堠岑寂。斜阳冉冉春无极。记月榭携手，露桥闻笛。沉思前事，似梦里，泪暗滴。①

这首词传至禁中，或许是暗暗叹服周邦彦的才华，抑或是不忍佳人的雨打梨花之态，徽宗最后还是下令赦免了他，并赐其大晟府提举一职。

正当徽宗陶醉在他所营造的花花世界中无法自拔之时，恼人的内忧外患却纷至沓来。靖康之乱，让歌舞升平的北宋王朝幻化为一个再也无法抵达的梦华时代。成书于宋代的《宣和遗事》对宋徽宗有过这样一段精妙的评价：

说这个官家，才俊过人：口赓诗韵，目数群羊；善写墨君竹，能挥薛稷书；通三教之书，晓九流之典。朝欢暮乐，依稀似剑阁孟蜀王；论爱色贪杯，仿佛如金陵陈后主。遇花朝月夜，宣童贯、蔡京；值好景良辰，命高俅、杨戬。向九里十三步皇城，无日不歌欢作乐。盖宝箓诸宫，起寿山艮岳，异花奇兽，怪石珍禽，充满其间；画栋雕梁，高楼邃阁不可胜计。役民夫百千万，自汴梁直至苏杭，尾尾相含，人民劳苦，相枕而亡。加以岁岁灾蝗，年年饥馑，黄金一斤，易粟一斗；或削树皮而食者，或易子而飨者。宋江三十六人，哄州劫县；方腊一十三寇，放火杀人。天子全无忧问，与臣蔡京、童贯、杨戬、高俅、朱勔、王黼、梁师成、李彦等，取乐追欢，朝纲不理。即位了二十六年，改了六番年号……②

---

① [宋]周邦彦：《兰陵王·柳》，[宋]陈景沂：《全芳备祖（后集）》卷十七《木部》。

② [宋]佚名：《宣和遗事》之《元集》。

元代编写《宋史》的史官脱脱曾叹曰："宋不立徽宗，不纳张觉，金虽强，何衅以伐宋哉！"[①]诚然，宋徽宗对于北宋王朝的覆灭有着不可推卸的责任。但是，宋纳张觉一事只是金人伐宋的一个战争借口而已，正所谓："欲加之罪，何患无辞？"

二、梦华之色

（一）周世宗的梦

相传，周世宗柴荣曾做过一个梦。梦境中，大雨初霁，远处澄澈明净的天空出现了一抹别样的色彩。这种颜色似青非青，似蓝非蓝，格外怡人心神。世宗在为之倾倒的同时，颇觉疑惑：为何这种雅致的色彩前所未闻，前所未见呢？

正当他困惑之际，白云边的那抹颜色渐渐退去，继而全部消散。世宗见后长嘘短叹，遗憾万分，便下了一道命令——"雨过天青云破处，者般颜色做将来"，他执拗地希望将此色永远定格在御用瓷器上。这种独特生活品位，不知让天下多少能工巧匠寝食难安。但皇命不可违，造瓷艺人们几经钻研，终于在郑州的御窑中烧制出一种令人称心遂意的神秘瓷器——柴瓷。"青如天，明如镜，薄如纸，声如磬，滋润细媚，有细纹，制精色异"的柴瓷，"为古来诸窑之冠"。据传，神秘的柴瓷"宝莹射目，光可却矢"。不过，蓝浦在《景德镇陶录》中言及，"宝莹射目"的评价并不为过，而"光可却矢"则显然为溢美之词。[②]

（二）梦的实现与幻灭

后周灭亡以后，柴瓷成为一个传说。想必宋人不愿让"雨过天青云破处"这种

---

① ［元］脱脱：《宋史》卷二十三《本纪》第二十三。

② ［清］蓝浦：《景德镇陶录》卷七。

美妙的色彩隐没在历史中，便将其转移到精良工致的汝瓷上。"（汝瓷）土细润如铜，体有厚薄，色近雨过天青，汁水莹厚若堆脂。"①"雨过天青"，不正是当年周世宗一直寻寻觅觅、难以割舍的色彩吗？这种颜色也让徽宗皇帝深为倾慕，自其统治的政和年间（公元1111—1118年）开始，直至北宋灭亡的这段时期，徽宗搜求大批顶尖工匠建立官汝窑，一种绝美的御用汝瓷应运而生。

汝瓷与天一色，含水欲滴，通体温润澄净。在光线下细细品鉴，釉上星星点点，七彩纷呈，灿若星辰，清淡稳重中又别有一番妙处，真是耐人玩味，大可神游！汝瓷之美，安静而不事张扬，有一种"为而不争"的秉性，因而让倾慕道家审美情趣的徽宗爱不忍释。

靖康之变中，宫廷珍贵汝瓷与其他珍宝一起，被金人劫掠一空。这些器物于靖康二年（公元1127年）五月十九日到达燕京，"计器物二千五十车……半解上京，半充分赏……器物收储三库"。②随着北宋王朝的支离破碎，汝窑也在世人眼中销声匿迹。

终南北两宋之世，汝瓷一直是御用瓷器中的极品。至南宋，汝瓷已"近尤难得"，南宋皇室，特别是高宗也十分钟爱汝瓷。南宋绍兴二十一年（公元1151年），清河郡王张俊向高宗进献的诸多珍玩中，就有16件汝瓷。淳熙六年（公元1179年），孝宗恭请太上皇高宗、太后到皇家花园聚景园赏牡丹，"又别剪好色样一千朵，安顿花架，并是水晶、玻璃、天青汝窑、金瓶"。③彼时的汝窑已经能和珍贵的舶来品水晶、玻璃以及黄金所制的金瓶等物相比肩。此处的汝窑瓷器，大抵作为陈设器使用。

明清时期，多位统治者曾在景德镇组织御窑，将全国顶尖的工匠齐集于此，尝试仿制宋代五大名窑的瓷器。他们所仿制的其他几大名窑的产品都达到极佳的水准，

---

① [清]蓝浦：《景德镇陶录》卷七。

② [宋]确庵、耐庵编，崔文印笺证：《靖康稗史笺证》之六《呻吟语》，第199页。

③ [宋]周密：《武林旧事》之《后武林旧事》卷一。

却独独仿汝瓷未能尽如人意。新中国成立后，我国领导人也曾大力支持这项事业。1957年，汝州市在国家的扶持下成立第一家仿制汝瓷的工厂。但几十年来，从未制造出一件真正的汝瓷。千余年前的汝瓷为何能创造一个后世无法逾越的神话呢？

（三）"雨过天青"

《红楼梦》里贾母介绍府中珍藏的软烟罗，言及这种珍贵的软烟罗只有四样颜色——雨过天青、秋香、松绿以及银红，[①]可见后世对这种雨过天青色的眷恋与神往。除天青色外，汝瓷还有粉青、天蓝、卵白、豆青、虾青、葱绿等诸多釉色。尽管釉色深浅不一，却基本上离不开"淡天青"这一基本色调。

民间有"造天青釉难，难于上青天"之说。仿造汝瓷，最大的难关就在于此。即便在科学技术高度发达的今天，依旧无法复原天青色。千古风流，沧海桑田，历史长河中散失的古人智慧不可胜记，汝瓷便是其中之一，不得不令人跌足叹息！

三、什么是汝瓷？

（一）汝州瓷器与汝瓷

唐宋时期盛行窑以州名，如陆羽在《茶经》中提及越州（治所在今浙江绍兴）窑、鼎州（今陕西富平、泾阳一带）窑、婺州（治所在今浙江金华）窑、岳州（今属湖南岳阳）窑等六大瓷窑。那么，古代汝州（今属河南）地区所出的瓷器是否都可以称为汝瓷呢？

据《坦斋笔衡》记载，北宋时期，皇宫因"定州白瓷有芒"，遂"命汝州造青窑器"。汝州出产的贡瓷经御选后，被淘汰的产品才允许进入市场交易，此时的汝

---

① [清]曹雪芹：《红楼梦》第四十回《史太君两宴大观园，金鸳鸯三宣牙牌令》。

窑属于民窑性质。徽宗政和年间（公元1111—1118年），朝廷搜罗民窑中的能工巧匠，不惜工本设置由官方直接控制的官汝窑，专为宫廷烧造御用瓷器。

官汝窑建立以后，对民窑加以种种限制，民汝窑不得不停烧或改烧其他品种的瓷器。于是，河南地区便大量出现当时北方流行的耀州（今属陕西铜川）窑印花青瓷与禹县钧窑天蓝釉钧瓷。显然，即使在古代汝州地区烧制的瓷器，不能全部被称为汝瓷。那么，究竟什么样的产品才有资格被称为汝瓷呢？这还得从寻汝之路开始说起。

（二）"民汝"与"官汝"

随着靖康之难以及北宋王朝的土崩瓦解，汝窑与它的烧瓷技艺，自此消失在世人的视线中。1959年，故宫博物院的陈万里先生通过实地调查，最早发现宝丰清凉寺瓷窑遗址，并在同年发表的《汝窑的我见》中，对清凉寺出产的青瓷进行了较高的评价。其后，考古专家和古陶瓷研究人员虽然有过不少努力，但汝窑却迟迟不肯现身。

直到1986年，宝丰县清凉寺附近的一个红薯窖坍塌，露出一个完整的瓷洗。未几，这一消息不胫而走，传到从事陶瓷研究工作的王留现耳中。王先生到现场一看，发现那件瓷洗竟然散发着雾光效应，直觉告诉他，此物必非凡品。于是，他借了600元钱，果决地买下了这件瓷洗。同年，王先生身携瓷洗前往西安参加中国古陶瓷研究会。在会上，他遇见上海博物馆副馆长汪庆正先生。不久，上海博物馆派专员到清凉寺考察。再后来，王先生接到一封来自上海的邮件，信上说，希望他将这件瓷器送往上海博物馆，并对其作进一步鉴别。随后，王先生千里迢迢赶往上海，后经专家鉴定，这件瓷洗确系汝瓷作品！

1987年，河南省文物考古研究所开始对清凉寺一带进行为期两个月的考古工作，却一无所获。就在即将结束考古计划时，赵青云先生在一个民汝窑遗址旁，意外发现一个相当隐蔽的藏坑。在这个小土坑内，竟留有7件汝瓷，分别为天蓝釉刻

汝窑洗
上海博物馆藏
作者自摄

花鹅颈瓶、天青釉盘口折肩瓶、天青釉小口细颈瓶、粉青釉莲瓣茶盏托、天青釉外裹足笔洗等，每件都是汝瓷上品。同时出土的还有其他名窑的瓷器佳作，都相当考究工致。如此精美的瓷器，为什么被遗忘在一个小土坑中呢？

据考古人员推测，这些珍品瓷器被当时的窑工偷偷藏匿后，埋于此坑内。作为行家的工匠既然冒着私藏的风险，自然尽可能择取最佳的器物私留。然而，它们最终还是未能被顺利带出守卫森严的官窑。

虽然这个土坑发掘出7件精致的汝瓷，但它的中心烧造区——官汝窑，仍不见其踪。

直到2000年6月，河南省文物考古研究所又在此布下48个探方继续发掘。此次揭露的约500平方米中，清理出窑炉15座，作坊2座，过滤池、澄泥池各1处，排列有序的陶瓮、大口缸20余个，釉料坑4个，灰坑22个，水井1眼，还有一批汝瓷和不少窑具。根据进一步勘测，埋藏在清凉寺村地下的官汝窑面积约4800平方米。此外，包裹在官汝窑周围的民汝窑面积约110万平方米。[①]至此，神秘的千年

---

① 河南省文物考古研究所：《宝丰清凉寺汝窑》，大象出版社，2008年9月。

官汝窑窑址终于大白于天下，前后经历整整半个多世纪。

"民汝"与"官汝"的差异究竟在于哪里呢？学术界对此有不同的观点，且并无定论。《汝窑的发现》一书在论及"民汝"与"官汝"的关系时提及："民汝窑是指一种在工艺上类似汝官，而胎、釉制作较粗的青瓷器。"而河南省文物研究所在《文物》上发表的《宝丰清凉寺汝窑址的调查与试掘》一文中，却将属于耀州窑体系的印花青瓷归为"民用汝瓷"。然而，"宝丰清凉寺遗址就是官汝窑的所在地"这一观点却是学界的共识。李辉柄先生在《宋代官窑瓷器》中明确指出："唯有与文献所载的'汝州青瓷'相符的清凉寺产品，才是汝瓷的真正代表。"[1]

四、"纵有家产万贯，不如汝瓷一片"，凭什么？

（一）官汝窑的神秘感从何而来？

其实，官汝窑及其产品如此神秘的原因在《宋代官窑瓷器》一书中解释得相当透彻。据该书的作者李辉柄介绍，官汝窑制作尤为精良，其生产对民间保密，产品严禁民间仿制，对于落选的"次品"须及时加以处理以防流散。弃窑时，窑址须经现场处理，以避免留下烧窑痕迹，故考古调查中官窑遗址极不容易被发现。宋代历代皇帝将御用汝瓷视为珍宝世代相传，而非作为明器陪葬，所以考古人员并未在墓葬中发现官汝瓷的踪影。在文献中，关于"官窑"的记载往往语焉不详，那是因为当时这些资料对社会保密，绝非普通文人能够亲见。官汝窑的烧制始于徽宗政和元年（公元1111年），终止于北宋灭亡，前后不过短短十余年时间。[2]加之靖康之变中，金人又掳走了大批良工巧匠，官汝窑就这样成为一个深埋地下的神话。

---

① 李辉柄：《宋代官窑瓷器》，紫禁城出版社，1996年5月，第12页。

② 李辉柄：《宋代官窑瓷器》，第6、38页。

（二）釉中有乾坤

宋人周辉的《清波杂志》载："汝窑宫中禁烧，内有玛瑙末为釉。"①书中介绍，汝瓷以珍贵的矿物玛瑙入釉，其后，这一记载被历代文献援引。近千年来，学者们对官汝瓷的关注，大多聚焦在其釉色上，认为御用汝瓷因釉料中添加玛瑙，故产生特殊的光泽。这些记载与传说究竟可靠吗？

清凉寺汝窑遗址位于宝丰县城西20公里的大营镇清凉寺村。其中，官汝窑烧造区位于清凉寺窑址北部，经考古证实，附近确实盛产玛瑙石。此外，官汝瓷标本化验也证实了玛瑙入釉一说。

含有玛瑙末的釉料，烧制后釉面呈现一种独特的结晶，釉质稠如凝脂，器表有玉石般的质感，不少釉面下有一层细密的小气泡，釉面越厚越清晰可见。随着烧造和施釉程度的不同，即使同一种釉料，烧制后也会呈现出不同的色彩，如月白、淡粉青、卵青、天青、豆青、虾青等。

（三）东方汝窑与西方维纳斯的共同点

明代曹昭的《格古要论》记载："（汝瓷）有蟹爪纹者真，无纹者尤好。"②汝瓷釉面的开片是由于烧制过程中，胎釉膨胀系数的差异而使釉面开裂成为纹片。曹昭认为，无纹者为上。但这只是部分鉴赏家的审美趣味。由传世汝瓷视之，釉面开片的汝瓷才是鉴赏家们追逐的主流，这种宛若天成之美让他们如醉如痴。正如在经年积雪堆压之后的老梅，枝干虬曲、身姿苍古，这种畸形美反而成为一道别样的风景，其独特风骨岂是未曾经历多少风霜雨雪的新梅所能企及？

在北宋徐兢《宣和奉使高丽图经》中，有这样一条记载："越州古秘色，汝州新窑器，大概相类。"③不少学者据此认为北宋汝窑与越窑的渊源颇为深远，享有

---

① [宋]周辉：《清波杂志》卷五。

② [明]曹昭：《新增格古要论》卷七。

③ [宋]徐兢：《宣和奉使高丽图经》卷三十二《器皿》三。

北宋汝窑青瓷莲花式温碗
台北故宫博物院藏

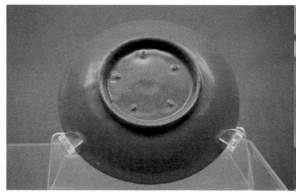

汝窑盘
上海博物馆藏
作者自摄

"中国陶瓷考古之父"美名的陈万里先生就持此说。当然，也有学者认为，徐兢此言只是将当时新兴的汝瓷与古代的越州秘色瓷相提并论，视它们为天下奇珍，而并无其他深意。

　　除却釉色、开片以外，汝窑还有一个不同于寻常瓷器的显著特征：它与越窑一样，也采用支烧的方式，因而出土的汝瓷都有支钉痕的存在。这也是不少学者判断汝窑受越窑影响的重要依据之一。

（四）汝瓷遗韵

关于汝瓷作品，民间有"天青为贵，粉青为尚，天蓝弥足珍贵"的说法。1987年，河南宝丰清凉寺汝窑遗址出土了一件天蓝釉刻花鹅颈瓶。据专家介绍，即使时光回溯至北宋，"天蓝"汝瓷也是妙手偶得的极品，仅当窑位与火候恰到妙处时，才可能获得天蓝釉。汝窑作品通常以素面为主，刻花者极为罕见。目前硕果仅存的汝瓷中，"天蓝"作品只有5件，而"天蓝"刻花者，唯有河南博物院珍藏的这件天蓝釉刻花鹅颈瓶，可谓是汝瓷中的旷世奇作。①

谁说每一件汝瓷不是在人工之精、造化之巧的共同缔造之下，才幻化出万千华彩与无尽之美呢？世界上没有任何两件完全相同的汝瓷，每件都是唯一存在的孤品。睹物思千古。蓦然回首，八九百年前，大宋天子擎着同样的器物细细玩味，品茗、啜汤，俯仰天地之间。而今世易时移，品茗、啜汤早已与它们无关。汝窑的复原成为今人难以实现的一个神话，这是存世汝瓷的万幸，也是后世之大不幸！

北宋晚期汝窑天蓝釉刻花鹅颈瓶
河南博物院藏

宋汝窑天青釉碗②
北京故宫博物院藏

宋汝窑天青釉盘③
北京故宫博物院藏

① 高19.6cm，口径5.8cm，足径8.4cm。

② 高6.7cm，口径17.1cm，足径7.7cm。此碗胎体轻薄，通体釉呈淡天青色，莹润纯净，釉面开细小纹片。外底有5个细小支钉痕及楷书乾隆御题诗一首。诗后署"乾隆丁酉仲春御题"，并有"古香""太朴"二印。目前所见传世宋代汝窑瓷碗仅有两件，分别藏于北京故宫博物院与英国伦敦大维德基金会。

③ 高3cm，口径17.1cm，足径9.1cm。此盘通体内外施天青色釉，釉面开细碎片纹，外底留有3个细小支钉痕。

左上：宋汝窑天青釉弦纹樽[1]
　　　北京故宫博物院藏

右上：宋汝窑天青色釉三足樽承盘[2]
　　　北京故宫博物院藏

左下：北宋汝窑青瓷盘
　　　台北故宫博物院藏

---

[1]　高12.9cm，口径18cm，底径17.8cm。此樽仿汉代铜樽造型，器形规整，仿古逼真。瓷樽始于宋，作为陈设品使用。目前所见传世宋代汝窑天青釉弦纹樽只有两件，除这件以外，英国伦敦大维德基金会也有一件。

[2]　这件承盘与三足樽配套，用于承放三足樽。上有乾隆题诗一首，后署"乾隆戊戌夏御题"。

左上：北宋汝窑青瓷碟
　　　台北故宫博物院藏

右上：北宋汝窑青瓷碟（"丙蔡"铭）
　　　台北故宫博物院藏

左下：汝窑青瓷洗（"奉华"铭）
　　　台北故宫博物院藏

右下：汝窑青瓷椭圆小洗
　　　台北故宫博物院藏

北宋汝窑青瓷纸槌瓶（"奉华"铭）
台北故宫博物院藏

北宋汝窑青瓷胆瓶
台北故宫博物院藏

汝窑盘　　　　　　　　汝窑盘　　　　　　　　北宋汝瓷薰炉
东京国立博物馆藏　　　上海博物馆藏　　　　宝丰清凉寺遗址出土
薛骏骏摄　　　　　　　作者自摄　　　　　　河南省考古研究院藏

后　记

　　再度翻开《另类宋元：用食物解析历史》的书稿，已是 2020 年的春天。这是
"有我以来"最难熬的一个春天，时下，人类正共同面临着一个前所未有的巨大
困境——一场肆虐全球的瘟疫。这场瘟疫的源头，据说很可能来自蝙蝠等野生动
物。于是，这种传统的吉祥物骤然成为人们深恶痛绝的祸根。食用蝙蝠，并非现
代人的一时兴起。早在北宋时期的儋州，当地人就有食用烧蝙蝠的习惯。据苏轼
介绍，食用烧蝙蝠、熏鼠、蜜唧、蛤蟆等大抵是由于"儋耳至难得肉食"。人类
曾不止一次地吃出祸端，故此时谈"吃"，不免有些难以启齿。但是，"民以食为
天"，食物终究是人类最古老、最永恒的话题。

　　《另类唐朝：用食物解析历史》出版以后，新加坡的《畅游行》杂志将拙著
介绍到了异国。出版社也多次与我谈起，社中有将该书外译的打算。虽然此议后
来并无下文，但对我这样一名新手来说，仍不失为莫大的鼓励。

　　从 2016 年 8 月提笔开写《另类唐朝》，到 2018 年 10 月 22 日《另类宋元》交稿，

这段时间，我并无固定职业，在旁人看来不免无所事事，但因着写作，日程却是满满。尤其意外的是，在这样一种似乎有些矛盾的生活中，我的内心摆脱了空虚或是忙乱带来的焦虑，反而感觉充实而自适。说到此处，不由要向最早提出写作动议的王雨吟编辑拱手致谢。

在创作《另类宋元》的过程中，我邀请丁杰老师加入。他欣然应允。书中文笔雄浑的《兵戈扰攘篇》便出自他的手笔。

"人生到处知何似，应似飞鸿踏雪泥。"作为一名作者，多少有些希望读者有所收获的宏愿，但能否果真如此，只能漫由读者评说，于我而言，《另类唐朝：用食物解析历史》《另类宋元：用食物解析历史》最大的意义，便是在自己的经历"雪泥"中留下的一对鸿爪吧。

2020年春分

张金贞

图书在版编目(CIP)数据

另类宋元：用食物解析历史 / 张金贞　丁杰著. —— 杭州：
浙江大学出版社，2020.7
ISBN 978-7-308-20278-7

Ⅰ．①另… Ⅱ．①张… Ⅲ．①饮食－文化史－中国－宋元
时期 Ⅳ．①TS971.2

中国版本图书馆CIP数据核字(2020)第098656号

另类宋元：用食物解析历史

张金贞　丁　杰　著

责任编辑	王雨吟
责任校对	杨利军　夏斯斯
封面设计	黄晓意
出版发行	浙江大学出版社
	（杭州市天目山路148号　　邮政编码　310007）
	（网址：http://www.zjupress.com）
排　　版	杭州林智广告有限公司
印　　刷	浙江省邮电印刷股份有限公司
开　　本	710mm×1000mm　1/16
印　　张	12
字　　数	170千
版 印 次	2020年7月第1版　2020年7月第1次印刷
书　　号	ISBN 978-7-308-20278-7
定　　价	68.00元